快速思考

用物理学思维理解世界

〔德〕罗尔夫·海勒曼/著

刘秋叶/译

EINE
ANLEITUNG
ZUM
SCHNELLEN
DENKEN
Mit Physik zum Erfolg

浙江人民出版社

图书在版编目（CIP）数据

快速思考：用物理学思维理解世界 /（德）罗尔夫·海勒曼著；刘秋叶译. — 杭州：浙江人民出版社，2023.4

ISBN 978-7-213-10958-4

Ⅰ. ①快… Ⅱ. ①罗… ②刘… Ⅲ. ①科学思维—思维方法 Ⅳ. ①B804

中国国家版本馆CIP数据核字（2023）第023257号

浙江省版权局
著作权合同登记章
图字：11-2020-137 号

Title of the original edition:
Author: Rolf Heilmann
Title: Eine Anleitung zum schnellen Denken. Mit Physik zum Erfolg
© 2018 by LangenMüller / F.A.Herbig Verlagsbuchhandlung GmbH, Stuttgart

Chinese language edition arranged through HERCULES Business & Culture GmbH, Germany

快速思考：用物理学思维理解世界

KUAI SU SI KAO: YONG WU LI XUE SI WEI LI JIE SHI JIE

[德] 罗尔夫·海勒曼　著　刘秋叶　译

出版发行：浙江人民出版社（杭州市体育场路 347 号　邮编：310006）

市场部电话：（0571）85061682　85176516

责任编辑：潘海林

特约编辑：涂继文

营销编辑：陈雯怡　赵　娜　陈芊如

责任校对：杨　帆

责任印务：幸天骄

封面设计：天津北极光设计工作室

电脑制版：北京之江文化传媒有限公司

印　　刷：杭州丰源印刷有限公司

开　　本：880 毫米 × 1230 毫米　1/32　　印　　张：8

字　　数：165 千字　　　　　　　　　　插　　页：1

版　　次：2023 年 4 月第 1 版　　　　　印　　次：2023 年 4 月第 1 次印刷

书　　号：ISBN 978-7-213-10958-4

定　　价：58.00 元

如发现印装质量问题，影响阅读，请与市场部联系调换。

献给我的父母，是他们使我能够成为一位物理学家一个活跃的科学过程，即科学展开、实施的方法与方式，需要促进勇于思考的精神。这种精神不仅深植于人类的内心深处，而且不仅限于自然科学与技术领域，它对于解决人类当前和未来的问题，是不可或缺的。

——汉斯-彼得·迪尔

（德国著名物理学家，1929—2014 ）

科学地教育人们，就是通过一定的方法，让他们展开客观的批评与自我批评，忍耐现实的缺陷，主动宽容、沟通他人，自由地释放人性，维持系统的基本开放以及不断进步。

——哈特穆特·冯·亨提希

（德国教育学家，1925 ）

目 录
Contents

第二章　纵观全局的方法

第三章　正确评估局势的方法

第四章　迷雾森林中的指路"图形"

第五章　便于理解发展的概念

第六章　有助于理解复杂事物的概念

第七章　应对费解之事的方法

第八章　实现看似不可能之事的方法

第九章　应对自以为是、夸夸其谈者的方法

物理学——任何生活场景都适用的科学

我们为什么要学习物理学呢？

答案：是为了能够认识世界内在的、本质的联系！

回答正确，但不仅仅如此。

物理学家能以独特的方式思考并解决问题，凭借这种能力，他们做很多事都能成功。在政治界著名的例子来自德国前总理安格拉·默克尔女士和德国财政部前部长奥斯卡·拉方丹先生，他们在大学时代学习的专业都是物理。德国的大型跨国公司，如宝马、西门子、大众、思爱普等公司中也总是有物理学家出身的高管。在德国的情报机构、国防部门、公司咨询部门、证券交易所、保险中心及"智囊团"中，也都有许多物理学知识十分渊博和扎实的工作人员。

不论是作为这个世界基本问题的"顾问"，还是作为宇航员，物理学家总是备受赏识的。因此，对这门科学的研究和学习，显然是一条在不同领域都可通往成功的非常规之路。从事其他专业的人们，很少能像物理学专业人才这样如此广泛地担任各种重要的职务。

原则上，每个人都可以从物理学中受益，比如通过掌握"识别结构与模式"的方法和技巧可保持对全局的把握，并找到通往预期目标的、贯穿始终的"红线"。如今，这种能力愈发重要，因为我们的生活越来越趋向复杂，总是发生着全新的，甚至是闻所未闻或令人错愕的事。

在社会、政治、经济和技术等各个领域都不缺少精通行业术语与特有"工具"的专业人员。但是，很多问题只有在超越单一学科的认知后，才能得到解决。物理学可以为此提供基本的知识，因为它是关于自然基本规律与联系的科学。这一论点在生活中有着充分的体现，例如日常用语中便有许多用于描述基本物理概念的词汇——能量、势、功率、力、速度、加速度、压力、动量、流……如今，物理学不仅描述了自然现象，也越来越多地被用来描述社会与经济过程。

本书并非详细阐释物理现象、模型或理论的教科书，主要是介绍一系列在物理科学中常见的工作与思考方法，让每个人都能成功应用在日常生活中。

读者中肯定会有人反驳，他们在学校里就已受尽物理学的折磨，而且课堂上所学的物理知识，在走出学校后的生活中根本用不上。但其实，忙乱的校园生活使我们忘记了重要的一点——对于与每个人都息息相关的问题，对于我们在各方面的努力与付出都大有裨益的问题，我们是可以通过物理学找到本质上的、方法论范畴的答案的：

怎样理解复杂的、完全陌生的事物？

怎样区分谎言与真相？

统计数字有什么实际意义？

如何洞悉混乱表象背后的联系？

可用哪些策略来解决问题？

怎样以别人能够理解的方式讲解复杂事物？

什么原因导致了什么后果？

我们到底能知道什么？又不可能知道什么？

哪些情况推动发展？哪些抑制发展？

专家可以事先了解或预测什么？

我们应将什么样的知识作为决策的基础？

尽管我们生活在信息社会，但绝大多数人根本无从应对如今日益增多的海量信息。对于这个越来越不明了的世界，人们对它的理解甚至在变得越来越少。于是，所有人都感到力不从心。

本书致力于帮大家解决这个问题。让我们加入这场"自然科学思维模式"的精神冒险吧，用物理学家的思维方式来扩展自己既有的经验与认知。每一章的结尾都有简单练习，便于大家在日常生活中训练使用新提及的思维方法。本书末尾有思考练习中所提问题的建议或提示。通过熟悉物理学的思维与行为方式，我们可以拓宽视野，进入自己不曾了解的领域，并将学会更清楚地看待众多事物。这对于如何应对我们在未来将会遇到的巨大挑战是至关重要的。

练习

　　练习1：观察四周，诚实地承认，有多少问题是自己不了解的。

第一章

认识事物本质的方法

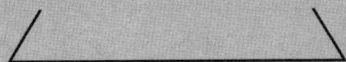

睁大双眼——伦琴法

富有创造力的人都有哪些与众不同的地方？探险者、发明家或能够预见未来发展变化的人又有什么特殊才能？答案是他们能"看见"别人注意不到的事物和联系。这不是指他们拥有可以看到未来的超自然能力，而是他们可以察觉到轻微的颤动，因此不会为随后发生的地震而惊讶。他们不仅留意每个人都（愿意、或能够）看到的一切，还会关注与当下流行或与大趋势不同的事物，并将其与相差甚远的事实或经验连接起来。许多被多数人当作细枝末节而忽视的事情，后被证实是预示未来发展的风向标，这并不少见。

我们来看一个例子：19世纪与20世纪之交，许多科学家都在研究真空玻璃管内的电现象，这种又被称为射线管的玻璃管内产生的光亮与电令当时的科学家们十分着迷。所有的人都在埋头研究这类由玻璃和金属组合成的构造物内的各种现象时，只有一个人注意到，在射线管之外发生了什么——摆放在他办公桌上相当一段距离以外的晶体开始发光，而射线管是被严密包裹住的，不会有光透射出来引发此现象。因此，这必定是一种不可见的、可穿透物质的射线。他就是凭借该发现在1901年获得首届诺贝尔物理学奖的威廉·康拉德·伦琴[①]。

　　他的发现是偶然的吗？他只是个幸运儿吗？一些嫉妒者也曾这样评价他。但是，当所有人沉迷于当时的时代精神而"不约而同"地都只盯着一个方向时，他却把目光投向了另外一个方向，并注意到了"边缘现象"。正因如此，他才发现了后来以他名字命名的射线和这种射线具有的穿透力。从那以后，无数人能有机会接受"伦琴射线（X光）"透视检查并从中受益，就是因为多年前有一个人没有做其他人都在做的事。

　　在20世纪初，一系列这样的发现使自然科学中看似稳固的世界观、宇宙观开始动摇和瓦解。新出现的量子物理学让物理事实失去了直观性，而因为相对论，空间与时间的基本概念也分崩离析。同时，类似的革命性发展不仅发生在科学领域，艺术领域以及整个欧洲社会都发生了激烈的变革。忽然之间，很多事已不似从前。

　　人们可以预见并成功利用这样的发展变化吗？今天的社会还会发生这般的剧变吗？思想或者社会上的深刻变革甚至革命并不总是轰轰烈烈地预告自己的来临。最初看来，一切依旧井然有

----

① 威廉·康拉德·伦琴（1845—1923），德国物理学家。1895年，伦琴在进行阴极射线的研究时，意外发现了穿透力极强的未知射线，并用这种射线拍摄了他夫人的手的照片，显示出手的骨骼结构。为了表明这是一种新的射线，伦琴以表示未知数的X将其命名为"X射线"。当时，很多科学家主张以"伦琴"来命名新发现的射线，尽管伦琴自己坚决反对，但是"伦琴射线"这一名称至今仍广泛使用，尤其在德语国家。——译者注。

条、规范有序、坚不可摧。如果仔细观察，你就会发现一些问题或异常，但它们通常看上去并不显眼。但恰恰是这些不被注意的地方，事后被证实是事物发展决定性的要点！它们可以非常迅速地发展成为矛盾，而这些矛盾又会引发剧烈的变革。

事后回想，这样的关联通常比较容易理解，在逻辑上好像也能融合自洽。但当人们置身于发展变化中时，想要洞察、理解这样的节点显然困难得多。

如今，面对社会和经济上的动荡与变革，几乎没有人能看透事物的本质与关联。正如面对日益复杂、全能化的科技一样，我们不得不将很多事"外包"给他人代劳，或干脆忽略；我们的所想所做越来越流于表面，至多算是透过窗户看世界；我们启动应用软件却不知道实际上应用了什么；我们不再明白"背后"隐藏着什么。我们通常只是以简单、直接相关的方式思考，只是"走一步看一步"。

而期待有专业人士可以理解并"掌控"复杂事实的希望也往往落空。看一眼新闻便能纠正我们这种期待，从产业工人到国家元首，很多人不再是进取创造者、塑形者，而是被动反应者。那么该怎么办呢？我们必须找到并使用可以帮助我们获得洞悉力的方法。对此的第一步当然不是"闭眼抓瞎"，忽视多样性和复杂性（虽然鉴于为数众多的坏消息、坏新闻，这样做是可以理解的），恰恰相反，应该"睁大双眼"！在此我们不应只关注全局性发展，应该明白重大事物也反映在细节中——比如伦琴的发现。只是我们必须关注细节，并建立起其与整体的联系。

将这个方法应用到日常生活层面上来则意味着：我们应当利用所有可用的手段——尤其是我们的感官，当然也包括利用最新的技术去细致入微地观察世界。只有这样，我们才有可能领会和理解新现象、新结构、新关系以及它们日新月异的发展。这并不容易，因为这要求我们达到一定的认知和思想高度。在这个高度上，我们不仅可以辨识问题，还可以发现解决方法和新机遇，并利用它们。

练习

练习2：去观察历史上或当今政治中令人惊讶的发展，之前无人预料到，但事后看来却完全合乎逻辑的改变。

练习3：仔细观察四周环境，关注以前不曾留意的事物与事实细节，问问自己，它们是否将会从中发展出全新的、不同寻常的事物？

我能看见你之未见——视角转换法

人们的观点可以偏执和狭隘到何等地步，在一些时事评论节目中便能体验到：在节目开始，嘉宾及其观点会被简短介绍，这时其实我们就可以关掉电视了，因为在接下来的谈话中不会产生任何新见解或新认识，他们谈论的多是与很多人相关的问题！他们本应在对话中共同寻找解决办法，而不是舌灿莲花、尽可能美化、雄辩地向对方砸去不可调和的观点。真正"对话"的前提是倾听，理解并认真对待对方的论点。显然，在当今社会，我们离此相去甚远。

这一切与物理学有什么关系呢？因为物理学试图帮助我们找到尽可能客观反映事实真相的细节描述，并将其组合成具有代表性的、有用的"全貌图、全景图"。我们在日常生活中也应学习这种方法。

请看图1中的物体。该物体左侧和下方的投影均为矩形，右侧投影为圆形。所以，关于"事物本质"的争论自然难以避免：其中，两方都信誓旦旦地说，这是一个矩形物体；第三方则坚如磐石地认定，这是一个圆形物体。

即使对此进行民主表决，客观认知也不会产生："矩形派"虽然是三分之二的多数，但一个重要的观测角度依然需要考虑。

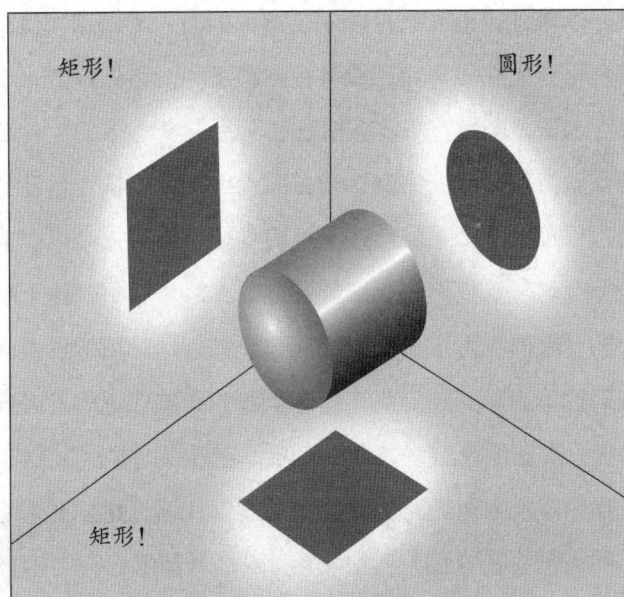

图1：观察角度不同，对同一事物的看法与评价也会完全不同。

所以，为了获得对事物整体的客观认识，人们首先必须公正、毫无成见地交流彼此的见解，设身处地地领会对方的观点，并且在不存在错误的时候接受它们。如果我们想全面地评判某一状况，可能必须改变自己的视角，但这不会总像我们以为的那么容易，而且不仅在政治环境中是如此。

"走到另一边"并从那里观察，只是第一步（当然，"走过去"不仅指空间上的移动）。在整合看似互不相容的事实时，也许我们不得不转向全新的、不同寻常的思考方法。在图1中，就是从二维至三维的转变。

对于生活在二维世界中的生物，他们最初只能在抽象空间中想象第三个维度。但人类被赋予了这种能力，可以进入这样的抽象空间——首先在思想中，有时也在现实中。当然这必须以良好的意愿为前提，刚愎自用、固执己见在此于事无补。

古代航海家遨游大海时，通过眼前的表象会认为自己处在一个平面上移动，这个平面会在某处终结或最终进入难以想象的未知之地（经验告诉他们，一切都有终点）。事实上，这个平面只是在我们有限的视野中以天际线为边界，在地球的球形表面，实际上我们找不到尽头。因此，只有当我们能够在思想上或现实中"从外部"观察地球后，对它的认知才能得以完善。

当视角转换很激进时，我们通常需要在旧思想体系中引进尚无意义的新概念。在图1所示的范例中，"圆形"与"矩形"拥护派处于不可调和的对立面，只有引进三维的"圆柱体"概念，问题才能解决。而这种滚筒形状的结构，在二维平面上是不存在的。最终，对立双方将不得不接受它的存在，并理解他们的认识只是片面的"投影"，只有这样，才能解释并统一他们互不相容的观点。

在物理学界，"光是粒子还是波"这个问题争论了几个世纪。各方都有自己可验证的论据，然而各方论点又都存在一些自相矛盾之处，只有在不可调和的观点得以统一、融合后，才有了定论：光既有可定位的硬粒子的特性，也有可延伸的软波的性质。虽然由此新发现的所谓的"量子"对于日常经验是陌生的，也"不直观",最终还是不得不被人们接受。因为,新观点或看待问题的新方式的成功最终取决于它所带来的裨益:新的量子物理学被证实是极为成功的学说。如果人们没有超脱自己有限的直观视角,没有发展起新的、抽象的量子假设,那么今天就不会有电脑、互联网及智能手机的诞生。

通常情况下,一种全新的、更高级的视角倾向于将事物普遍化、概念化,甚至是将其变得更简单,因为新视角解决了矛盾,这就是一种新观点将获得成功的迹象。

再举一个例子:文艺复兴时期以前,大多数科学家都认为理解天体运动并不困难。他们将最直观的现象作为理论假设:地球是世界的中心,一切都围绕地球运动。然而,这种假设并不能合理和令人信服地解释复杂的行星运动。直到尼古拉·哥白尼[1]激进地更换视角,事情才变得容易。他必须首先在想象中离开地球,方能意识到位于行星系统中心的是太阳。

物理学家[2]将这样的视角转变统称为"转换"。当立足点转变时,我们的参照体系与价值体系也可能会随之改变。而被评估

---

[1] 尼古拉·哥白尼(1473—1543),文艺复兴时期波兰天文学家、数学家、教会法博士、神父。在40岁时,哥白尼提出了日心说,否定了教会的权威,改变了人类对自然、对自身的看法。——译者注。

[2] 在德国,职业为物理学家约为87%男性,13%女性。*数据来源说明见尾注。为了方便,本书原文都使用描述"物理学家"职业的名词Physiker(德语名词有性的区分,女物理学家为Physikerin——译者注),作者希望各位女物理学家不要因此认为是对她们所付出的努力重视不足。

的事物自然是保持不变的——它只是在特定情况下看起来不同。只要一个事物的不同方面在逻辑上可以相互转换或统一，便不存在"正确"或"错误"的观点——两者在各自的方式上都是正确的。

但是，如果从一种参照系向另一种参照系的"转换"没有奏效，便意味着人们在理解上仍有某些基本的错误。这时就必须检验，错误是存在于观察过程中，还是在所推导的结论中。

当然，"转换"不仅可以应用在数学、物理学，转变视角、换位思考在人际交往中往往也有裨益：假如我是你……一些之前被忽略的情形便明朗可见了。在解决较深层次的冲突时，有时还需要一个第三方，他从外部观察内部关系（即全新的观察视角），可以看到直接当事人未曾发觉的事物与问题。

尝试从不同的立场去看待与评判事物！尽管最初事物看起来会更复杂——因为需要处理的信息增多了，但之前隐匿的关系却往往会清晰地展现，我们对事物的认知会随之变得简明扼要，因为表象之下事物的成因与结构已可以辨认。在本书中我们将多次实践这种方法。

我们不仅在寻找事物间的关联时应践行视角转换，在展示、讲解复杂事物时也应当使用。有时对方难以理解我们所讲述的事物，那就应尝试使用另外的方法去描述、解释——即从完全不同的角度，使用其他的言辞或比喻。这并不总是容易的，需要我们非常有创造力，因为只有通过改变观察/解释角度和思考方法，才能克服思维僵局、促进相互理解。

不是每个人都擅长或喜欢获得全新的、不寻常的、概念化的观点。人们通常喜欢具体、直观、明确、熟悉、感性。但现实已变得太复杂，仅用二选一的思维方式，比如：左派—右派、进步—保守、感性—理性、文科—理科已不能充分认知事实。

很多人不能舍弃自己的宝贵经验，甚至拒绝陌生事物。已获验证的观点太舒适，保留意见太根深蒂固，"眼罩"太紧贴——确实，它们也能起到一定的保护作用。要改变人们固有的想法何其艰难！对此，我们必须练习以下思考方式：能够辨认并公开坦诚地指出不可行的思维简化；能够处理、应对复杂事物。这将是我们未来生存必须具备的技能！

练习

练习4：尝试在已极为熟悉的事物中发现未曾注意的、隐蔽的新特质，从尽可能多的角度——既在思想上，也在实践中观察。

神圣的好奇心——爱因斯坦法

是什么驱使人们去探寻新事物？是当我们发现或理解某样事物时所感受到的喜悦与满足，是对神秘与奥妙的激情。在谈及科技进步时，伟大的爱因斯坦也曾说过"神圣的好奇心"是我们力求探索、钻研未知之事的核心驱动力之一。

航海家向尚未发现的大陆启航，科学家向宇宙的无垠、物质的内在或精神的幽微复杂进军。那么，我们将这种对知识的渴望扩展到日常生活中，不是理所应当的吗？可能许多人认为日常生活不够有趣，因为在某种方式上，基本上一切都是熟悉和已知的。

而实际上，今天依然存在很多奇妙之事，只是人们要知道怎样"看见"它们。我们还是孩童时，每天都会学到新知识——因为那时我们还充满好奇。随着时间的流逝，这一特质丢失了，我们变得明智而清醒，就像很多人常挂在嘴边的：这一切我已见过。或者：反正对我来说太难了。

但是，既然世界上尚有诸多未解的事，追寻答案怎么会无聊呢？没有任何事物能够复杂到我们不能理解，如果有什么令我们百思不得其解，那应该是因为思考、观察方法有误，或者是展示或呈现该事物的方式不当，更可能只是因为我们自身的懒惰。但这些问题都是可以解决的。

如果读不懂一篇专门写给小圈子专家的文章，我们只需去寻找关于此主题的更合适的文章或视频。每个人都有这样的机会与可能。如今，要拓宽自己的知识已不需去上昂贵的大学。在发达国家，网络上或公共图书馆中有适合每个人的最佳信息，如果不利用这些机会，只能怪自己。当然，我们不可满足于仅仅在搜索引擎上读一段总结概述或在视频网站上看一段讲解视频，这只是踏上全面而深入获得知识之路的最初一步。这种获得知识的途径，在几年前还不可想象，而今天已基本对所有人开放，人们"仅仅"需要知道，如何踏上这条求知大道。但这对很多人是"说起来容易做起来难"，因为他们没有接受过相关的教育。

只有当不是因为受到外界逼迫才追求和获取知识时，一切才能奏效。我们必须发展出内在的、自主的"满足自己好奇心的渴望"。时至今日，学生在学校内的知识获取依然主要建立在外在强迫的基础上，即教师示范讲解教材，之后学生模仿重复。然而这种方法在很多领域都相当低效，并且会越来越难以成功。依靠这些陈旧的方法，我们必将无法应对海量信息的洪流。所以兴趣与好奇心才是激发我们探索求知、梳理归纳并从而能够真正理解事物的前提。

在此，我们应再次使用"睁大双眼"的"伦琴法"。我们必须先学会观察，才能意识到，事情是关于什么的，其本质是什么。当受到好奇心的驱使，我们会自发地逐步清晰明确、深化拓展我们对世界的认识（从而也影响、形成我们的"世界观"）。那些领悟与理解之际的豁然开朗时刻，会激励我们更多、更深地去思考。我们不应再推卸责任，抱怨错误的教学方式消磨了我们的好奇心，因为如今的信息丰富全面、透明公开，在历史上从未有过。互联网上有精彩的解释、讲座、图片与影像，此外还有伟大的书籍。每个人都可以通过电子邮件或社交网络去联系最优秀的专家——我们只需行动起来，踏上探索的旅程！

我们如果不再仅是被动感知、接受事实，而是主动追问现象背后的原因，便能唤醒兴趣。"追问原因"是真正独立思考的第一步。爱因斯坦提到过一个他小时候为之着迷、并启迪他日后深入思考的现象：父亲送给他一个指南针，上面的指针正如众所周知的那样——永远指向北方。这本来也算是一种日常现象，但显然在看似空无一物的空间内，有一种看不见的力在产生作用！"这怎么可能"——爱因斯坦的好奇心被这个问题激发了。于是，对"内部有各种力在产生作用的抽象空间"的设想，后来成为广义相对论的基础假设。在爱因斯坦晚年写给为他写传记的瑞士作家卡尔·塞里希的信中，他把自己的创造力极致地归结为一点："我并没什么特殊天分，只不过是有着狂热的好奇心。"

这当然只是爱因斯坦典型的自谦，但对于大多数确实并不具备"什么特殊天分"的人，这句话指出了一条能让我们更好地理解这个世界的路——用激情去驱动我们的好奇心。

练习

练习5：事事都问"为什么"，不要满足于第一个显而易见的答案，而是继续追问。在两三遍"为什么"之后，我们就会发现已达到今天已知知识的极限，我们会惊叹，如今的科学竟然连很多简单问题都回答不了，而世上还有那么多的秘密。

出乎意料——替代选项法

我们看待世界时的一个主要弊端是，为了简便和舒适，依靠简单的关联进行思考与论证。而且，我们还喜欢一切都不要变化。这种思维方式可以提供安全感。例如，假设汽车在高速公路上行驶的速度大致保持恒定，我们便可以估算到达目的地的时间。

一个"值"（一般来说，可以用数字表达和衡量的一切，都称为"值"）的稳定不变，常与另一个"值"的线性增加联系在一起。在以上汽车行驶的例子中，已走完的路程的"值"随着时间而均匀增加。图2（a）概括性地描述了这种关系。根据"刚过去的"和"当前的"状况，我们可推断即将发生什么么。仅从实践操作上来看，我们可以摆一把尺子把图2（a）中的直线继续画下去。深奥的科学术语则称之为：我们进行了"线性外推"。

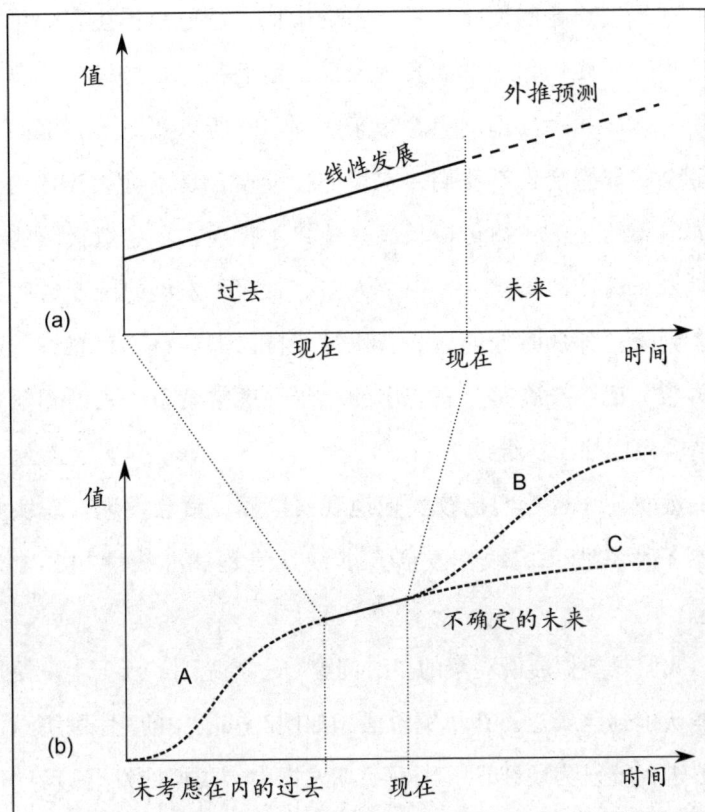

图 2：（a）线性思维。根据过去的发展推测在短期未来有类似的延续。（b）线性相关作为非线性关联中的一段，其思维上的后续有多种可能。

教科书（不仅是物理课本）中充满了类似的例子，因为这样便于计算。原则上，这种计算总是有一个确切的答案。但仔细观察我们就知道，线性关系通常仅在相对狭隘的范围内适用，教材示例中一般也会捎带提及这一点。但人们容易"忘记"这是理想化的变化过程，只能大概、近似地描述我们可探知的现实。线性相关如此直观易懂，因而很容易被视为"普遍适用"。而质疑与追问只会带来麻烦——所以我们不再追问。但健全的理智会告诉我们，永恒的持续增长是不可能存在的，正如歌德的诗："树可以长高，但终不抵天。"自然极限的存在是众所周知的事实，但很多人依然希望，发展的中断暂时还不会到来，到那时他们已妥善保障了自己的利益，总想着"还能再赚一把"。确实，思想上的小步骤通常会引诱人们相信，事情会像以往一样继续下去。

然而，一旦我们比较实际地观察世界，就会发现，现实中根本不存在理想的线性发展。非线性进程和非线性相关才是常态。

我们只要扩展所观察的"时间窗"［参见图2（b）］，便常常能认识到这一点。在早期阶段，如图2（b）中的A片段所示，发展进程就已为超线性。因而后期发展中，类似的发展趋势如B可能会再次出现。但放缓的发展如C，也是可能的。

通常情况下，我们大多面临着如上图一样的多种可能，仅靠一把直尺已远远不能预测未来的发展。即便面对简单的非线性关联，我们也已经不得不依赖计算机的帮助。此时，直观理解往往已不足以应对，于是我们宁愿操作简单之事——但有时简单的也是错误的，而不愿探讨复杂的和不确定的。

所以预测经常不准确，因为在发展过程中一些影响因素至关重要，而为了使用简单模型获得明确答案，它们被有意或无意地忽略了。例如图3展示了两个发展过程，它们同时发生并共同产生影响和作用。

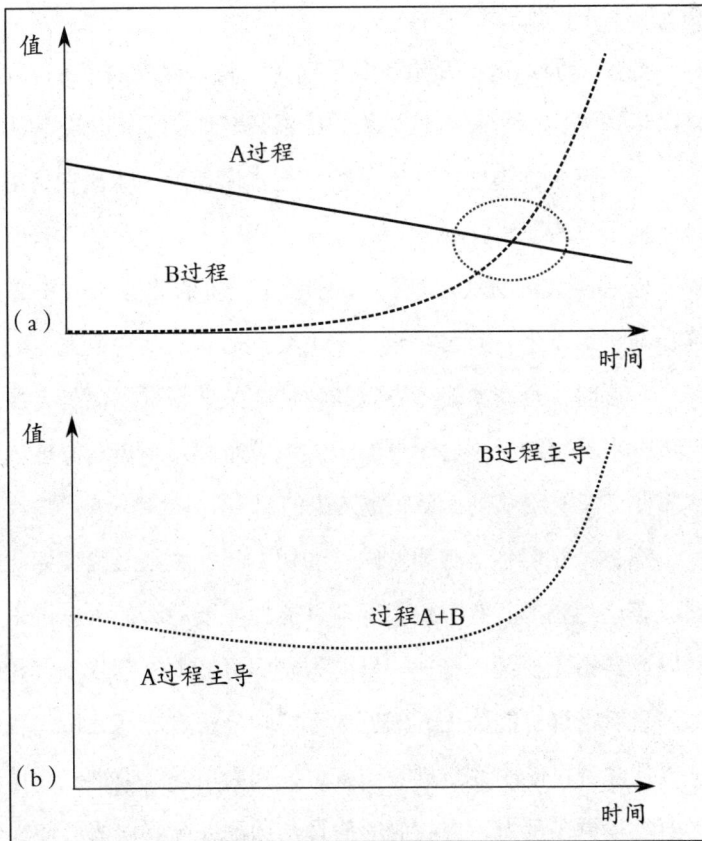

图3：（a）同时产生作用的两种不同发展，在此分别单独展示。
（b）两个发展过程效果综合在一起的展示。

在交叉点前的远处，（线性的）A过程起主导作用。（非线性的）B过程虽然也在发挥作用，但对于描述当下所观察到的现象来说，它的影响暂可忽略不计。世界看起来很简单，所有人都满意。只有到"交叉点"附近时，B的效果才彰显出来，而发展的性质也发生了变化。终于，线性发展终结，B过程开始主导事态发展，A变得无足轻重。

如果我们不是一开始就过于简单、舒适地忽视了B过程，本来可以预测到整个发展趋势的。所以，我们必须考虑明确所知的一切——哪怕这会使事情更复杂、更难以理解，哪怕在指出后果时会被指责为危言耸听。

但是，发展进程中所出现的这种"质的改变"并不总是连续和渐进地发生，有时甚至会发生突然的"转向"或完全的"飞跃"。这时，全新的思考方式和评估在某些情况下便是必要的。当然，也有可能是不可预见的事故或灾难引发了极端发展，但往往即使突兀的剧变也不是凭空发生的。

那么，我们总是必须考虑"一切"吗？原则上确实如此。我们应该总是先把所有影响因素与可能的发展趋势都考虑进来，不可以在最初无视某一些——只因为它们可能太复杂或不合我们之意。只有在尽可能公正无偏见地考虑和分析过一切之后，我们才可以从多种可能中逐步排除一些。比起简单的线性进展，尽管这需要消耗更多精力，但我们的假设与预测完全错误的可能性会大大降低。

练习

练习6：想象一下，如果事物的后续发展完全不同于我们对其的习惯认知，会发生什么？请不要只想象灾难情形，也设想积极发展的可能。

练习7：当观看/聆听关于特定时间段内某一进程的展示时（演讲中、媒体上等），请考虑，在所展示的时间段之外，事态的发展可能是怎样的。我们可能会惊讶：通常会发现完全不同的画面。

上帝的指点——直觉法

对于上一节我们所提到的对未来发展的预估，可能会有不少人反对。在日常生活中，只有在极少数情况下会在事先详细推算，通常我们会根据既有经验和直觉行事，不需要什么公式。例如，当扔球或接球时，我们一般都能顺利完成——因为之前已经玩过很多次球了。看到球飞行曲线的开端，经验丰富的接球人就已经可以相当精确地估计出他应该跑到哪里去接球。从对过去与当前状态的认识中推断出未来的状态并相应行动，这是每个人都能学会的。

但如果我们通过力学方法并在考虑各种可能影响的因素下计算球的飞行轨迹则复杂得多，只有专业人员才能理解相关公式。所以，在日常生活中，我们一般不使用这种方法。如果科学计算方法在此更有优势，那物理学家应该是最优秀的球类运动员，但事实显然并非如此。

因此，在实践中面对"简单"事物时，我们大多运用经验来处理，尤其对那些不愿或不能进行复杂而费力的理性思考的人来说，这个事实自然很有吸引力。但是，我们不能总是依靠直觉。正如现代技术表明，我们必须依赖可量化的认知以及科学的方法和计算，智能手机、汽车或飞机可不是根据直觉尝试各种可能性开发出来的。

著名心理学家格尔德·吉仁泽[1]的研究表明，"直觉"搭配一定比例的知识与经验，在处理复杂事物时通常最有效。解决问题的技巧在于结合两者：一方面，我们不能因为贪图舒适或出于无能而放弃缓慢的、理性的逐步思考（本书后文还会多次提及）；另一方面，我们不应忘记理智上难以理解的直觉。虽然直觉可能无法为我们提供详细的解决方法，但至少可以为我们指出选择的大致方向。

天文学家与数学家开普勒[2]正是如此，数十年来他都直觉地坚信，整个世界必定是建立在和谐原则上的，因而也像音乐上的和声一样——可以用一定的数字关系来表达。但他并不能合理地阐释他的假设，起初只是以几何图形的形式想象世界的构造。经过多年艰苦卓绝的计算工作之后，当他终于发现行星运动时具体发生了什么，才在思考中构建出可以用一定的数字关系来描述的

---

[1] 格尔德·吉仁泽（1947—），德国社会心理学家，曾任德国柏林马普所人类发展研究中心主任，因提出有限理性、生态理性和社会理性的全新思想和研究方案，及在判断和决策问题上的开创性研究和理论建树而闻名全世界。——译者注。

[2] 约翰·开普勒（1571—1630），德国天文学家、数学家，是17世纪科学革命的关键人物。他总结出的行星运动三定律——即今天人们熟知的"开普勒定律"，极大促进了天体力学的发展，因而被誉为"天空立法者"。牛顿也受到这些定律的启发，推导出了万有引力定律。——译者注。

行星轨道。用他自己的话说，他沉湎在"神圣的狂喜"中，因为他知道自己发现了非常根本的规律。最终，他在17世纪初就已经推测出了行星的运动规律，而它们至今仍被用来计算卫星的轨迹。

所以，在最初知识有限的基础上，直觉地做出正确预测或决定的技巧，即使在科学界也不能放弃。学术上将此命名为"启发法"（英语：heuristics，又译作：策略法、助发现法，源自古希腊语的heurísko，意为"我认为"）。科学史上充满了这样的例子——一些关联最初是由研究者猜测、预感到的，而非经严格推导计算而出。

各学科的天才与普通人的区别在于，他们能够凭直觉更快地发现更容易成功的路。然而，即使是非常有天赋的人也总是强调，仅有自发的直觉是不够的，必须建立在熟练、精巧的操作技术与孜孜不倦的努力之上。美国发明家爱迪生那句著名的名言——"天才就是1%的灵感加上99%的汗水"便是一个佐证。

因此，我们不应将理性的思维方式与直觉的、不易理解的思维方式对立起来。对此，诺贝尔经济学奖获奖者丹尼尔·卡纳曼[①]

---

① 丹尼尔·卡纳曼（1934—），以色列裔美国心理学家，2002年诺贝尔经济学奖的两位获奖者之一，因"把心理学研究和经济学研究结合在一起，特别是与在不确定状况下的决策制定有关的研究"而获奖。此处指卡纳曼2011年出版的著作《思考，快与慢》（*Thinking, fast and slow*）所提观点：大脑有快与慢两种做决定的方式，一种是迅速的、依赖直觉的，一种是较慢的、逻辑分析的。——译者注。

将两者分开分析的热门观点有时会被过度解读。我们必须同时使用这两种思维，以便从繁多的现象与过程中辨认出哪些与我们所感兴趣的问题相关。只有这样，我们才可以找到非同寻常的、出人意料的解决方法。

练习

练习8：面临问题时，请写下几个即兴所想到的解决方案。记录下各个方案时，有意识地结合充满感情色彩的思量与理性的斟酌！只有这样才能决定选择哪一种解决途径。借助这种方法，创造力会随着时间而不断加强。

假装自己是傻瓜——伯梅尔法

对情境和事实的理性分析会让一些人感到很吃力——尤其当不具备相关专业知识时。但我们在讨论更多的方法前不应该轻易放弃。在此，我们先介绍一种看来简单但极为有效的思考方式，看过经典电影《火钳酒》①的人几乎都知道这个方法。电影中古怪而可爱的高中老师伯梅尔在物理课上讲解蒸汽机的工作原理时说道："蒸汽机是什么呢？我们先假装自己是傻瓜，只知道蒸汽机是一个巨大的、圆柱形的黑房间，这个巨大的圆柱形黑房间有两个洞，一个洞是进蒸汽的。另外一个洞我们一会儿再讲。蒸汽是做什么的呢？"

"假装自己是傻瓜"在此指的是，在解释某事物时，我们先

---

① 火钳酒本身是一种一般在圣诞节喝的、加佐料的热红酒，一般做法为：红葡萄酒中加入肉豆蔻粉、丁香、桂皮、柠檬和橙子薄片等，放进锅中加热。烧锅上放一张铁丝网，上面放上糖柱。将朗姆酒慢慢淋到糖柱上，直到整个糖块被朗姆酒浸湿，然后点燃糖块，糖在蓝色火焰中慢慢融化成糖浆滴到锅里的葡萄酒中。此处指的是1944年的电影《火钳酒》，该电影改编于同名小说，在小说和电影的开头都是朋友们围坐在火钳酒前，回忆过去的校园时光。此电影在德国风靡多年，可以说是家喻户晓，并至今依然每年在圣诞节期间在电视中播放。——译者注。

仅以最简单的经验、事实或假设为前提条件，在此基础上，再一步步复杂化。原则上任何人都可以跟上这样的思路进展。

然而，这种详细的、逐步推理的思考方式如今极不受欢迎，因为人们往往更期待当场就获得直接的答案与解决方法。在互联网上，我们总是可以立即找到许多问题的某种答案，智能手机也就在手边。但是，我们总是能理解摆在我们面前的信息吗？我们能记住、甚至去使用它们吗？

如果我们仅局限于复制、重复、快速组合已被预加工和处理的信息碎片，那么形象地说，最初我们确实可以"快速向前"。但这样我们只是人云亦云、不求甚解，反正别人大多也都这样做，这是当今时代精神的一个特征。我们不自觉地陷入一种精神上的"激烈而无谓的竞争"，就好像所有人都在朝着一个方向狂奔，如果有一人加速，其他人也必须跑得愈发迅猛，而没人有时间追问整个行动的意义。理解与领会完全被忽略，因为我们不得不一直疾驰在他人踏出的精神之路上，尽管这条路并非我们为自己所选。拐弯去追寻另外的、属于自己的路的人，已损失了太多时间。

尽管如此，为了能够分析和评估未知或不熟悉之事，我们仍应在最开始时使用伯梅尔"傻瓜"法，从简入繁、仔细彻底地思考：为这件表面上的"苦差事"投入的时间，未来会带来多大回报。因为一旦理解了最内在的相关知识，我们便可一再重复使用。那时，进一步的思考与创造性的应用就"仅仅"只是对已熟练掌握之事的延续而已。每一次的逐步的严密思考，都会为我们铺下一条在未来可反复使用的全新思维之路（非常具象的，大脑内部的神经回路也是如此）。物理学家每天都在实践这种方法，所以一般他们思考的速度比其他大多数人更快。在本书中我们将会继续练习这种方法。

> **练习**
>
> 练习9：在互联网上寻找《火钳酒》电影中伯梅尔老师解释蒸汽机运作原理的视频，并试着在自己不理解的事物上运用这样逐步思考的方法。

"再一次，一再重复"——建立关系法

在读一本关于逻辑思考中的错误的书时，我了解到描述增长率的百分数往往会被低估。比如：狗的数量每年增加5％。这听起来没什么了不起的。但是，如果这件事说的是多少年后狗的数目会翻倍，明显会令人印象更加深刻。为了计算这个年数，我们在此可以使用一个"经验法则"：用数字70除以百分比中的数字，得到的便是一个数量翻一倍所需要的年数。所以这个例子中为70÷5 =14——14年后狗的数量将是今天的两倍！

可是最初我很困惑：因为我不了解"70规则"[①]，数字70与数量翻一番有什么关系呢？一眼看去并不相关。我用不同的百分比数值仔仔细细地算了几遍，竟然真的可以确定，这条规则是完全可以使用的——至少在百分比数值比较低的情况下。我在互联

① "70规则"（英语：Rule of 70）是经济学里面的一个古老规律，是估计复利的捷径。"70规则"是指用来评估在当前的通货膨胀率水平下，物价需要花费多长时间才能翻一番的计算方法。假设一个经济体每年的通货膨胀率都相同，那么用70除以每年的通货膨胀率就可以得到物价翻一番的年份。"70规则"还可以用来判断储蓄或国民生产总值翻一番的年份。所以，可以说"70规则"是指某个变量年增长率为X％，则该变量在70/X年内将会翻一番。——译者注。

网上找到了这条源自复利公式的规则推导。我们在进行大致的快速估算时，这样一条经验法则是相当好用的。

但是，如果想知道一个数值扩大为三倍需要多久，又该怎么办呢？这时使用"70规则"就没有效果了，因为我们只了解上面提及的特殊情况。

我们在学校里学习了大量类似的特殊规则、公式或概念。我们像一台复印机一样记录下这些内容，并在需要时尽可能按照原样输出它们而并不理解背后隐藏的意义到底是什么。填鸭式教育成了当务之急：吞下知识，在要求提取时"吐出"（甚至可以因此而变得出类拔萃）之后便清空。虽然我们能够以此方法取得高分，但并不能解决现实中的问题。

自然，没有人能不通过背诵和重复而有效学习。但如果我们能够建立起关系，将所学之物嵌入具体情境及已有的知识体系，那么学习就会更有效和持久。例如，如果我们要记住数字1492，可能很多人会立即想到这是发现美洲大陆的年份；面对数字1003，歌剧迷则会马上想到唐璜[①]（因为他仅在西班牙就诱惑了这么多女人）；数学爱好者在3.14这个数字上看到的是圆周率，等等。由于我们不能立刻就为所有事物建立起合适的联系，各式各样的学习指导或记忆训练大师便推荐大家通过编造故事的方法

① 唐璜（Don Juan）是西班牙家喻户晓的传说人物，以英俊潇洒及风流成性著称，一生中周旋无数妇女之间，在文学作品中多作为"情圣"的代名词使用。著名的歌剧版《唐璜》，由莫扎特谱曲创作于1787年。——译者注。

刻意建立人为的联系。物理学家见到这类建议会急得直拍脑袋，因为如果是为了解决问题而追求知识，就应该把这些方法统统忘掉！只有展示出所需理解之事背后的规律性或真实因果关系的思维关联才是有用的，才真正奏效。

对很多人来说，这需要的时间太长。在我们建立思维关联之前，一个小蜜蜂似的勤奋学习者已经可以背下一个句子、一个数字或一种解决方案。短期看来，记忆学习者和复制者好像更占优势。但是，看得更深刻的人可以从关联中推导出原因，或在很多其他事物上应用自己的认识。例如，如果我们真正掌握了所谓的"交叉相乘法"[①]，很多比例或利息计算、理工科的特殊公式与概念便不需要死记硬背，因为很容易就能推导出来。通过这样的方法，学校里的各种"公式大合集"是可以废除的——在学生学会独立思考的前提下。但不幸的是，现在的发展趋势恰恰相反：由于时间紧缺，我们尚未理解公式便去应用，于是常有愚蠢的结果随之而来。

图4展示了识别事物之间关系的优势。在图4（a）情境下，我们一眼看去只能认出几个写着数字的小球。从广义上说：如果孤立看待现象、事实、事件，往往只能看到一片混乱，只能费力设法应对。在图4（b）情境下则不同，小球在这里是根据数值和颜色整理排列的，一目了然，我们能看到缺少了什么或应该补充什么，而且

---

① 德语的Dreisatz，指一种数学计算方法，可以通过三个已知的（给定的）数值之间的比例算出未知的第四个值。即：$a/c=b/d$，交叉相乘后得：$ad=bc$。——译者注。

非常重要的是：如果布局顺序被打乱或忘记了原来存在哪些小球，我们可以重建混乱或遗忘过程中丢失的信息！此外，新出现的现象不会令我们惊讶，因为必要时它们也能被纳入体系。我们有时甚至还可以预测迄今缺席并可使体系完整的事物。在图4（b）所示的体系中，尚缺失的应是写着白色数字8的黑色小球。

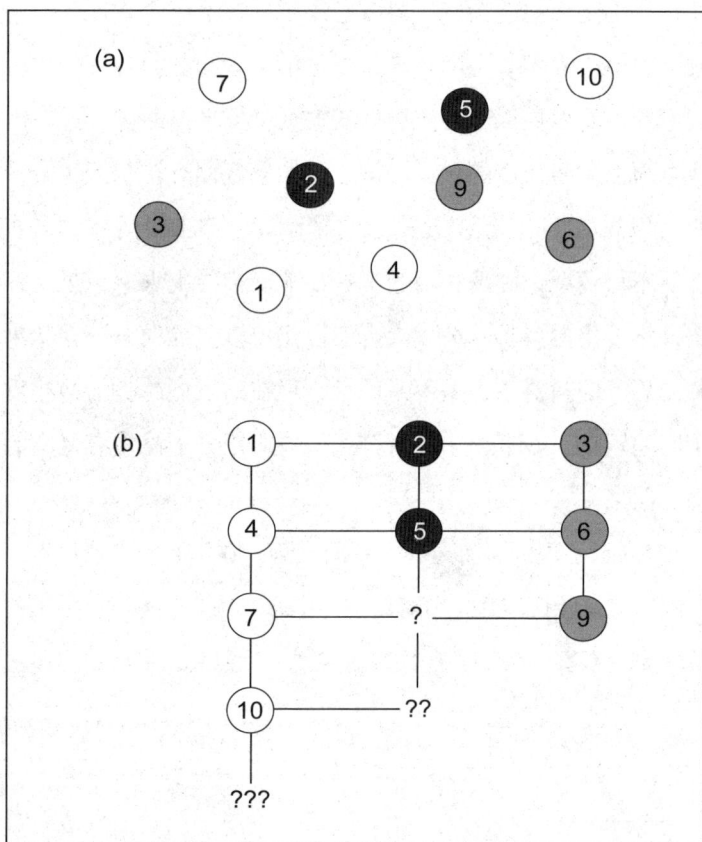

图4：（a）非结构化的知识，示意图。（b）结构化知识，已进入分类系统，从而可表明事物之间的关联。

概括性、结构化、网络化的知识可以加倍地发挥效用，而填鸭式学习者在问题或任务设置发生微小改变时，也极可能失败，因为他们在每一次面对新事物时不得不从头再来。所以面临与日俱增的信息洪流，如果不学会将知识结构化，我们将遭遇越来越多的困难。

当然，世上不仅仅存在容易辨认的关系。很多事物我们最初只能毫无关联地接受和感知。只有发现构建、组合一切的"规划图纸"的基本原则时，我们才可能理解复杂的事物。真正认识、理解的知识，往往可以重复利用或至少能够在略加改变和调整后应用。物理学家通过这种方法节省了大量的时间与精力。但问题是：我们该如何发现可以帮助我们保持全局观的关系、关联呢？

练习

练习10：尝试辨认、找出各组成部分之间的关系，从而在所有混乱中都找到秩序。

练习11：面对任何情况都试着自问，哪些因果规律使事物成为其现在的状态，而不是另外的状态。

一叶未必知秋——自下而上/自上而下法

科学上认识新事物与发现事物之间关系的方法分为两种，它们也均可应用于日常生活当中。图5简略地展示了这两种方法。

第一种方法为，从所观察或经历的个别事实情况中，综合建立起这些事实的"上一级关联"，以便借此来解释其他现象。比如，如果我们每天看到穿浅绿色衣服的女性越来越多，便可推论，这种绿色是当前的流行色，所以我们接下来将会看到更多的此类服装。

这种从个别到一般的概括，保守学术称其为"归纳"。

但是，这种"自下而上"的归纳法也有一定的风险：个别现象可能会被高估，甚至被绝对化。我们还必须始终注意进行观察和推论时的条件。比如我们在10月初的慕尼黑看到很多男人穿着皮短裤[①]，并不能推断这是一种风靡全德国的服饰潮流，只需再过几天，或去其他城市看看，情形便大不相同。

---

① 慕尼黑啤酒节（oktoberfest）直译为"10月欢庆节"，一般在9月中旬至10月初举办。男士的（背带）皮裤与女士的敞口领、束腰、泡泡袖连衣裙为啤酒节时的传统服饰。——译者注。

(a)自下而上/归纳

"关系、关联"

结构、假设、解释、
模式、模型、规律、
理论……

试验、测试

事物4

推测、相联系、
推论、概括化、
普遍化

观察、
积累、
总结……

事物1　　事物2　　事物3

(b)自上而下/演绎

"关系、关联"

推导、核查、
应用、具体化、
预测……

事物A　　事物B　　事物C

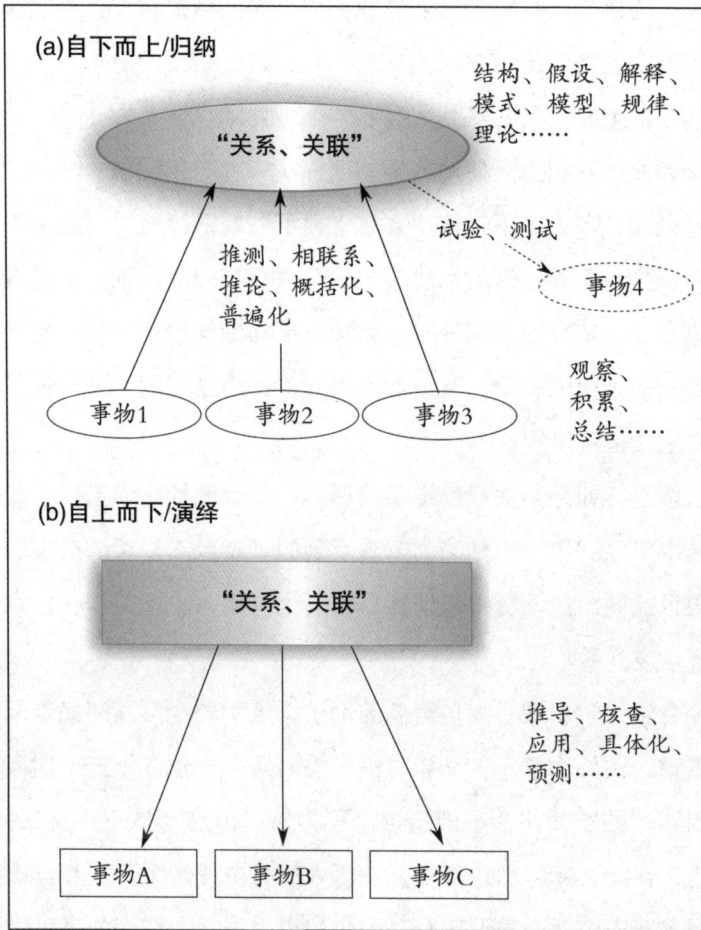

图5：认识的两种基本方法：（a）从个别现象中推导出一种未知的、需一再检验的关联。（b）从上一级的关联中推断可能的个别现象。

　　此外，因为某些事实不符合我们预期的关联，或仅仅因为不能理解便忽略它们，也是我们常犯的一个错误。我们未能把一些现象视为偶然，只因为它们与我们对世界的认识相左。当这种含有特定主观预期的"愿景式想法"存在时，错误的解析与决定便是不可避免的，而世界上充满了这样的误判。

因此，我们还须使用所谓的演绎法来补充归纳法——如今的新德语为：自上而下。使用"自上而下"的演绎法时，必须不带任何偏见地检验已知的、或假定的关联在某一具体现象中是否真的成立。一旦发现"例外"，就应该更仔细地审视：这一例外仅仅提示了规律的有限、有条件的有效性，还是证明了某一设想在根本上就是错误的？

但是，如果某关联已被多次证实，其有效性显而易见，我们自然也可以利用，以预测尚未观察到的事物或未来可能的发展。如果以此做出的预测得以证实，我们便可认为，该关联在特定情况下也成立并且可用。

自然科学领域有许多著名的例子，证实理论可预测完全未知的事物。例如，基于广义相对论，爱因斯坦曾预言宇宙中理应存在周期性的空间扭曲，即所谓的引力波。但这个推想一直到100年后，在2015年才得以证实。在巨大的科技投入下，人类首次探测到了宇宙中两个黑洞融合时产生的引力波，2017年的诺贝尔物理学奖便为此而颁发。

但是，如果预测的事没有出现，又该怎样呢？我们立刻就可以说理论是错误的吗？做这样的论断时必须非常谨慎。举个例子：每个孩子都能直观地了解，一切东西都会向下落。物理学家用"上一级关联"——万有引力定律来解释这一事实。那么，当我们看到一个向上升起的气球与这一自然规律相违背时，该怎么办呢？难道可以由此推断，万有引力定律是错误或失效的？当然不能！我们应该首先问自己，在此是否有另外一种作用力更强的影响因素？因为，世界上没有任何事是随便发生的，其背后总有原因，而这个原因也是可以被认识的（在气球的例子中，原因就是阿基米德在浴缸里发现的所谓的浮力）。我们只需仔细观察，并在必要时摆脱惯常的思维，世界既然是可以认识的，因此也是可以理解的。

然而，在我们的周围环境或日益复杂的技术中，许多影响是潜在发生的。因此，在观察、概括、检验、推断、抽象简化与具体化之间的转换并不容易。但我们可以学习，并不断完善、精进这些能力。正如美术馆内的讲解能让我们了解画家的意图，如何在科学中得到本质的引导，在日常生活中对我们将大有裨益。

练习

练习12：时刻自问，所见所闻是否只是个别事例，抑或其中隐含着某种规律？如果发现了规律，继续追问，该规律是否处处有效？

继承自父辈——遗传学法

最新的事物中也总是包含着较旧的事物，正如我们从遗传学中所了解的，前代的特征会传递给后代。我们可以在广义上应用这个事实，去辨认并理解未来的发展。

我们来看图6中的示例：20世纪80年代，vernetzung（德语，意为"互联、网络化"，为动词"vernetzen——把……互相连接起来，使网络化"的名词形式）开始出现在德语中。在此之前，人们几乎不使用这个词。本来可以认为，"vernetzung"不过是人们当时一度爱用的时髦词而已，用来描述明显有效的关联。然而，这个词的使用频率日益增加，使用的人群也越来越广——系统理论家、计算机科学家、社会学家、生态学家、管理者、脑科学专家，当然也有物理学家。单单这个事实本身就应当引起更多关注。仅在几年后，在20世纪90年代初，"vernetzung"与"internet"（互联网，inter=交互、相互，net=网）一起有了具体的物象意义，这是之前几乎没人敢想象的。所以，互联网并不是"突发"出现的，如图6中的曲线所示，它是有来历和预先铺垫的。

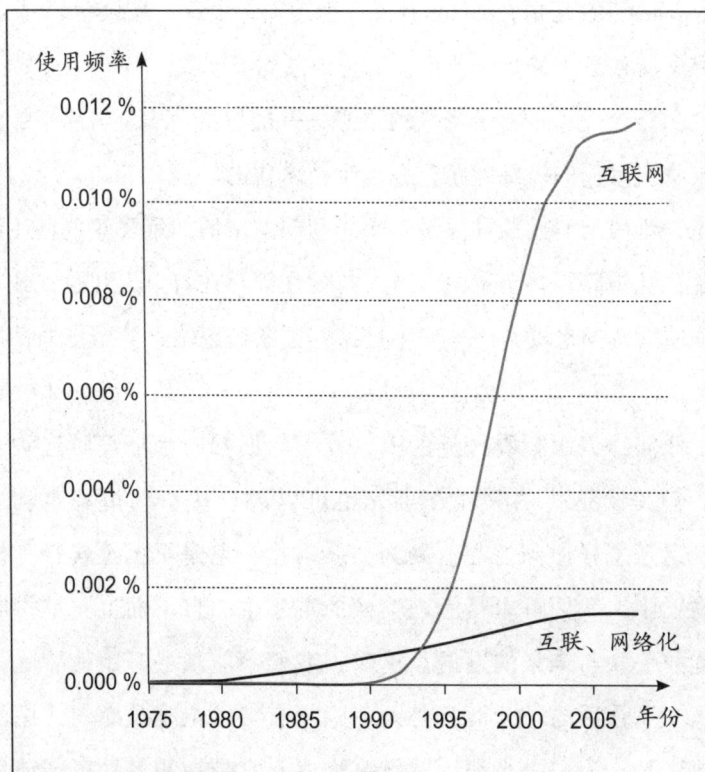

图6："vernetzung（互联、网络化）"与"internet（互联网）"两个概念在德语文字中出现的频率。通过"Google© Ngram Viewer"统计。

　　我们很少能预见到这样的"质的飞跃"。然而，在面对新出现的持续增加或连续减少时，我们不应假设这种变化只会按照某种线性数量关系一直发展下去。我们也必须考虑到新特性的出现，即所谓的"涌现﹑突现"（德语：emergenz；英语：

emergence；拉丁语：emergere，意为发生、出现、升起等）①。我们在《替代选项法》一节中，也曾提及此类现象。

另一个例子：鉴于当今的事态——贫与富、战争与和平、混乱与稳定政局的极端差距，在一个技术化的、互联的、开放的世界里，难民潮涌入欧洲只是一个时间问题。假如难民潮现在还没开始，几年后也必会发生。过去与现在都存在着早已开始生效并且众所周知的推动力——只不过这些因素被忽略，甚至被悄悄助长了。

任何睁着眼睛看世界的人，在事后回想时都能理解这种发展。但是，这样的关联在事先也可以被辨认、评估甚至利用吗？这是怎样做到的呢？因为"新事物"总是早已蕴含在"旧事物"中，我们可以从所观察到的现象中"自下而上"地推断可能的关联与未来的发展。这时，我们不能从最开始就排除什么是"不合适的"，而且必须消除含有特定主观预期的"愿景式想法"。我们应当训练对新事物以及它带来的各种可能或危险的直觉。

正如注重时尚的人时刻关注着最新的流行趋势，我们自然

---

① 涌现/突现（英语 emergence）——源于19世纪末20世纪初英国突现主义学派的哲学概念。在此引用格尔斯坦（J.Goldstein）的解释："复杂系统在自组织过程中，出现的新颖且清晰、连贯的结构、模式和性质……"新的研究进路——以揭示突现机理为核心，以跨学科研究为视野，以计算机模拟为手段——使"突现"成为一个科学概念，并成为多个科学领域的研究热点。——译者注。

也可以从我们身边的一切——技术、社会、音乐、视觉艺术或媒体中发现"新事物"。仔细观察自己的周围，试着找出"新事物"！没有任何事物是一直不变的。昨天还不存在、今天才刚出现的，可能就是革命性发展的一个标志。诀窍在于我们如何将本质与非本质区分开来。原则上，自然科学家不会也不应面对意外发展而感到困惑无助，他们的职业便是寻找"新"，因此必须一再补充、完善，甚至激进地重塑旧概念、工具和规则。请留意：在此"寻新改旧"的过程中，在其经过验证的环境中，"旧"往往仍然存在、成立——就像我们不会仅仅因为需要完全不同的工具在客厅摆置盆景植物，就把用于园艺的铁锹扔掉一样。

在日常生活中，我们常常把不熟悉的场景视为威胁，认为必须用可靠手段去回避，而科学家却恰恰在追寻未知。因为发现、解释并使用前所未有、出人意料之事物，可以为他们带来极大的乐趣（而且，只有这样才能获得诺贝尔奖）。只有探寻"质"的"新"，才可以产生真正的进步；只有参与其中的人，才能适应日新月异的世界。那么现在有一个问题：我们怎样在不甚明了且无聊的日常生活中发现未知事物呢？

练习

练习13：在传统的、沿袭已久的事物中寻找新发展态势，这样不会对未来的发展过于吃惊。

练习14：在每一个新事物中寻找旧事物的踪迹。这样，新事物便更容易理解，而且被证实为不过是一些表面变化而已的情况并不罕见。

第二章

纵观全局的方法

我有一个梦——静默室中的内在图像法

　　每个人都经历过豁然开朗的顿悟——获得认知的时刻：终于理解了某事物，某一问题终于有了解决办法。虽然这些只是简单微小的幸福时刻，但也证明了人类具有一种特别的天赋：我们可以发现新事物！这里发现的是指对我们自己来说是全新的事物，还是之前从未被任何人所认知的并不重要。我们为新的认识而高兴，因为它往往可以帮助我们前进一步。

　　但我们怎样才能获得新的洞见、解答甚至是策略呢？首先："无"不能生"有"。尽管天才们好像能流水线生产般创造主意与想法（让资质平平之人感到沮丧），但他们也只有在针对一件事物坚持思考后才能达到目标。只有在此之后，突破常规的联系和解决方法才会自动浮现。所以，我们必须有意识地从往往耗费心力的日常事务中抽离出来，以寻找可以用来思考的安宁。

　　因此，"召开会议"这个如今常见的解决问题的方法其实相当低效。因为坐在一起开会的人，常常出于各种原因对所谈事实完全没有深究。尽管如此，他们依然会发表自己的意见并以此影响决策。应首先保证每一位参与者有独立、深入的思考——不然大多只会得到草率马虎的结果。

第二，大科学家们一再强调，他们的决定性思想基本是通过图像式思维即幻景、想象获得的。一般人常常只能做到简单的思考步骤，比如联系、设想数字或者概念。深远的、变革性的观点，显然只有当我们将自己置身思维想象出的扩展空间，离开我们狭隘的经验时才会出现。我们可以将这种方法与视角转换法结合起来。

爱因斯坦的相对论是从他的一个离奇、天真的设想中发展来的。他问自己，如果他可以乘坐在一束光上穿越宇宙，将会看到什么。这个想法当时听起来有多么可笑、幼稚，后来它的成果的影响就有多么深远。时间的流速并不是对所有观测者都是一样的，时间甚至可以静止，而我们身边的空间可以压缩为零。如果爱因斯坦和他的思想一起乖乖地、忠实地"留在地球上"，那他这个改造了我们现代科学世界观的重大突破就不会实现。

"内在图像"所具有的不可估量的力量不仅见于科学界。例如马丁·路德·金的著名演讲《我有一个梦想》，极为震撼地表达了政治、社会领域对全新事情的设想。这份用语言描述的新美国的愿景改变了世界，并至今仍在影响着人们。历史上所有的伟大理念基本上都与内在图像有关联。

而且，心理学家和医学家也观察到内在图像对日常生活的巨大影响。成功或失败，甚至我们一生的走向，都与其紧密相关。那么，还有比将内在图像用于创造力上更理所应当的事吗？

　　为了找到新方法、新思路，我们可以提出比如以下问题：如果在思想中将一个情景极端激化，将看到什么？如果彻底改变立场，将看到什么？一个场景沿着所谓"假如……将会如何？"的设想发展，可能会推导出某些不美好的景象，但这种方法却可以帮助我们更清晰地认识问题并找到解决方法。联邦德国前总理赫尔穆特·施密特虽然以有些讽刺的方式"推荐"——看到愿景的人应该去看医生[①]。但内在图像并不一定是轰动、奇幻的。有时，不起眼的预想便已能帮助我们找到正确的方法或出路。正如我们在直觉法的介绍中已可见的，新的认识与新的方法并不总是理性的、可理解的、一步步深思熟虑的结果。

　　当英国人迈克尔·法拉第无法解释电流是怎样从运动中产生出来时，他在磁体周围"看到了"一个布满线的空间，并以此发现了现代物理学的一个概念："场"。法拉第没受过学术

---

①　赫尔穆特·施密特（1918年12月23日—2015年11月10日），1974—
　　1982年任联邦德国总理。他很早就认识到了中国的崛起并以积极的态
　　度关注这一发展，在他对时任总理勃兰特的力促之下，德国1972年与
　　中国建立了外交关系（比中美建交早7年）。施密特逝世之际，新华
　　网评论写道："施密特是广受国际社会尊重的政治家和战略家，也是
　　中德关系的开拓者和推动者，曾十几次访问中国。无论在任时还是退
　　休后，他长期致力于促进中德相互了解和合作，帮助西方客观、全面
　　认识中国，不愧为中国人民的老朋友。"2012年，施密特以93岁高
　　龄访问了中国与新加坡，并把与新加坡前总理李光耀主要关于中国的
　　对话整理成书并于2013出版书籍《最后一次访问：与世界大国中国相
　　遇》。——译者注。

教育，并没有高等数学知识，所以只能通过充满画面的想象来解决问题，可也许正因此他才变革性地发现了可以解释未知事物的新概念。

不追寻内在图像的人，也会"瞎猫碰到死耗子"偶有收获。但我们不应该以罕见偶然之事作为基础。我们必须积极、主动，警觉、清醒地思索寻找内在图像或创造属于自己的内在图像，这不能、也不应由他人代办。

当然，我们每个人都必须依靠专家。每名学生都需要老师，每位领导者都要以队员为基础。但我们不能随意将创造性思考或"做梦"委以他人。想在生活中获得成功的人，必须自己充满画面地思考，并从中汲取力量和导向。

在人们被（外在的）电子图像淹没的当今，思考的方式方法也变得更图像化并不奇怪。如果我们认为过去的某些图像已经过时，不要有傲慢的情绪，它们也许表达了某些已被遗忘的所在，或者是在如今泛滥的视觉冲击下我们不再能感知的事物。西斯廷教堂内米开朗琪罗的壁画《创世纪》与大爆炸后宇宙形成的示意图自然千差万别。

从其展现的自然科学的内容来看，这两幅画当然不可相互比较，而从其艺术内涵的角度来看，它们也不可相提并论。两者以截然不同的方式反映了人们的设想，它们都有其合理性和独特的表现力，并也都蕴含着真相。

我们只需当心，不要因为外在图像洪流的冲击忘记了在其中探寻、发现内在图像。人类在各个时代都曾受益于内在图像的影响，已在科学、哲学、艺术和宗教领域实践数百年的方法，不应在我们的日常生活中丢失，否则我们会迷失方向。

练习

练习15：用"做梦"的方法，想象在非寻常情景下分析或解决问题，并以此形成内在图像。在这个过程中，有意识地忽略习俗、惯例或主流模式，因为只有这样才能找到真正全新的解决途径。

请画一幅画——作图法

在日常事务中，我们不能总以深刻的、需要较长时间才能实现的愿景为指导，因为当下的问题需要在短时间内解决。图像在此有帮助——这里的图像是指真实的、物质的图像，需要我们自己绘制。也就是说，它不是想象中的愿景，而是将现实视觉化的图画。

例如，如果将各个概念在流程图、思维导图或认知图中彼此相邻排列，便可清晰展现或者以此才能找到它们相互之间的关系。当复杂的事实得到象征性的表达时，它们可以变得更简单明了。为了更好地识别趋势，我们可以将看似没有意义的数列转化为曲线图。这听起来简单，但并不是很容易就能找到解决问题所需的最佳阐述与表达。

1854年伦敦暴发霍乱时，人们最初不了解这种流行病的起因是什么，只是无助地记录着每天都在上涨的感染人数——直到医生约翰·斯诺提出在城市地图上登记追踪病人死亡地点的想法。接下来，在某几个地点明显剧增的病例，立即表明了那几个水泵是病原体的源头。所以，事物之间的关系经常在图形中才变得清楚可见。

因此，物理实验室或办公室内总是放置着壁板，以便在上面通过标记符号、公式、关键词等进行讨论。即使是最伟大的天才也不能记住所有的必要联系和事实。写笔记与绘制图表记录，在自然科学的研究中是至关重要的。

在现代（电视剧中）刑警办公室内，我们也能看到这样的工作板：照片用大头针钉在墙上，事实情况一一陈列在纸条上，各方关系用箭头标记。在这样的整理、排列中，办案人员某一刻便可以从原来混杂的各个事实中梳理出一种关联或一个结构，有望以此找到破案的线索。

人文科学学者的做法则不同：令人惊讶的是，在论证中他们经常不使用任何图片。

在政商界领导人的办公室内，很少挂着可以在上面书写、讨论、调整、修改的工作壁板。那些极为复杂的事实、混乱不明的关系和独立原创的解答，这些人真的全都装在脑子里了吗？还是不美观的壁板及其上潦草的图画和书写，会有损办公室昂贵的装潢设计？说到底，很多人还是没有学过图像式的、空间式的思考。

建议：我们需要工作板面，在上面公开记录、直观展示事实细节、关系与解决方案的步骤，修改、更正，并以此进一步发展完善。如果没有壁板，那在最初使用一张纸也已足够（辨认接受过正规培训的物理学人的一个方法便是：他们会一边写一边画地进行思考）。

自然，我们不必巨细无遗地记录、绘制思考的事实情况。

在某些情况下，我们也可以极端简化并象征性地描绘，虽然这样做会丢失一些形象，但也会有所收获，我们将在后面具体探讨。

练习

　　练习16：请思考怎样用图像描述每一个问题，并将想法诉诸纸上。

毕加索的窍门——抽象法

草履虫、星系、基本粒子、核导弹、竞技运动员和马车有什么共同之处——它们的运动可以使用相同的公式来计算！这种普遍性是物理学的一个特殊优势，我们仅需抽象概括，剔除一切冗余，认识一个过程的本质，并最终用象征符号描述这个过程。因为这时迥然不同的事物往往会开始展现出共同之处。所以，在上述关于运动的例子中，我们根本不必关注事物的外观和内在性质。在思想上，上述所有事物都可被看作一个在空间中运动的点。利用这个简单的设想，我们能够轻松地算出草履虫在水滴中或星系在宇宙中的移动速度。

当然，我们如此激进地削减和简化容易忽略世界的多样性和美丽。但在许多情况下，目的可以将手段合理化，通过忽略许多特性，我们能以相对简单的方式描述复杂的事物。因此，物理学家往往是一旦学会些什么，便可以将其应用于各种情况。

当面临一件极其复杂的事物时，我们应当借助上一节所描述的方法，用图像的形式将它描述出来。在此，重要的不是细节如实再现，而是必须清晰地呈现本质！当第一个草图完成后，应考虑如何在下一份绘图中进一步删减，或如何更简单地描绘。这道程序一般需要重复几次，直到我们揭示出这件事物的"核心"。这并不是简易化或浅显化，而是在寻找能够保留事物本质、从而提高可理解性的描述方式。

这样清除冗余是一项艰巨的、极具创造性的工作！事物的复杂性应在每一步都有所简化，而本质的关联则应愈发清晰。在这个过程中，我们一定会远离现实，也许还会在一个画面中展示出矛盾和不一致之处。在此，可以想想毕加索。他的一些画看起来很怪异，人物常常不是按照"实际外貌"被呈现的。尽管如此，画家想强调的特征（不可见的、但本质的）却显而易见地表现出来。据毕加索本人所说，他所画非他所见，而是所想。

现在，一个问题自然出现，即抽象可以进行到何种程度。过分简化甚至歪曲事物的风险确实存在。我们应先使用自下而上/自上而下的方法来检验我们的设想是否充分地反映了现实。如果出现了矛盾或错误判断，便需要修改我们的"图像"。评判我们进行的抽象是否可用的一个标准是，设想如果以此向他人介绍我们的想法，他们是否能够理解。对此也必须具有创造力和进行大量思考。有一种非常容易的简化，在许多情况下都可使用：将某种事物想象成一个简单的小盒子——"黑盒子"（该名称来源于以下设想：在一个无法透视其内的盒子里装有未知之物）。

原则上，绝大多数技术设备都可以看作是黑盒子，因为我们根本无从知晓其"内在"是什么，而只能就这样接受它们。但是，我们感到，如果在某种意义上整个世界几乎只由这样的未知盒子构成，事态就紧急了。于是，我们不得不至少去窥视一下某一两个重要的"盒子"的内在。

　　理解的第一步，是确定进入盒子（即一套系统、一组设备……）内在的和从盒子中输出的为何物（见图7）。这听起来简单，但这样我们才能获得对事物的基本了解。试试看！当我们向自己提问并思考这些问题时，才是在研究某一事物并发现和确认之前从未意识到的关联。

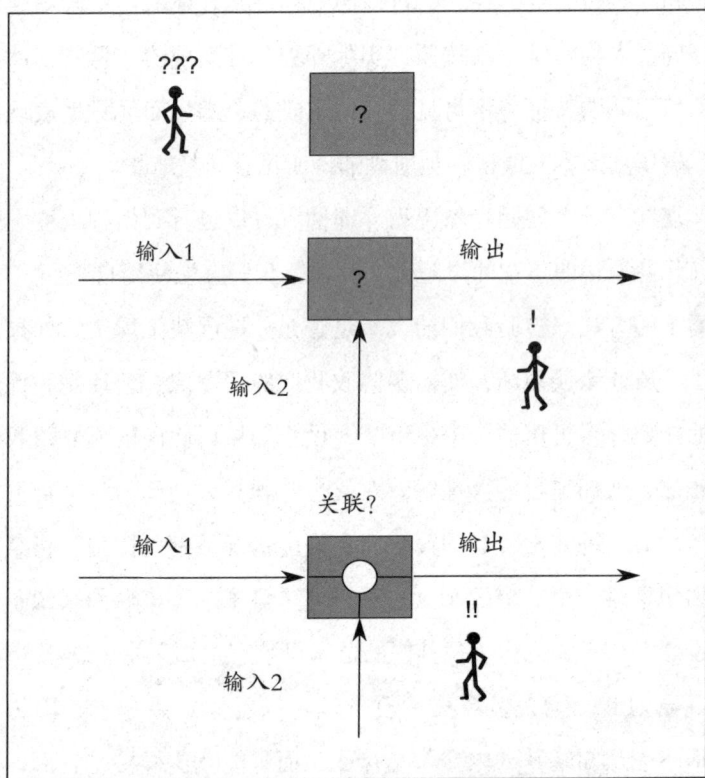

图7：研究一个未知的"黑盒子"时，应首先确定输入盒子之内的和从盒子中输出的是什么，第二步则为探寻输入与输出之间的关联。

有时一个黑盒子会有多个输入和输出，因此抽象的描述也会较为复杂。但我们应当始终自问，什么是本质的？例如，使用一辆汽车时，我们注入汽油，这样才能得到运动。我们也会往车前窗雨刮器系统内注水，但这对于汽车的基本功能不是本质性的。

如果想了解更多，就必须追问，输出与输入之间的关联是什么，对此我们将在下一节中深入探讨。

练习

练习17：以图像描述日常事物，并逐步进行大幅的简化，仅保留那些对于理解该事物至关重要的典型特征。

练习18：将某一暂时还不理解的事物（比如太阳能电池）描述为黑盒子，思考需输入该系统什么以及其内部应该发生什么，才能解释其输出。

你必须走过七座桥①——缺失环节法

试想有一个复杂的器械，我们希望理解它的工作原理。在学校中，我们常凭借预制好的示意图从头到尾详解类似事物。在这一过程中，我们理解不了某一概念或推论的情况并不罕见，而理解思路一旦打断，我们就不能理解整个系统。

为了避免这种情况的发生，我们应当自己寻找解释。形象地说，这时我们将打开上一节所介绍的"黑盒子"并想象里面存在着更多的黑盒子。一直重复这个假设，直到获得一条对我们来说是连贯的、合乎逻辑的思维解释链。

以收音机作为日常生活中的例子，收音机的功能通过无线电波和电子仪器"以某种方式"得以实现，这自然是常识。但这种传播具体是怎样运作的呢？

图8以流程图展示了理解事物时的做法与思维步骤。我们一开始并不明白收音机里播放出的语言/音乐与广播电台工作室之间的联系。于是，我们首先将整个传播系统看作一个黑盒子，并开始正向与逆向寻找输入与输出之间的联系（a）。双向观察很重

---

① 德语：Über sieben Brücken musst Du geh'n，一首流行歌曲，1978年初创于民主德国，至今流传。——译者注。

要，因为正向的道路并不总是清楚明了并可以理解的！"从结尾倒着思考"会使一些问题、关联更为清晰可见。现在探索收音机的工作原理便是如此。

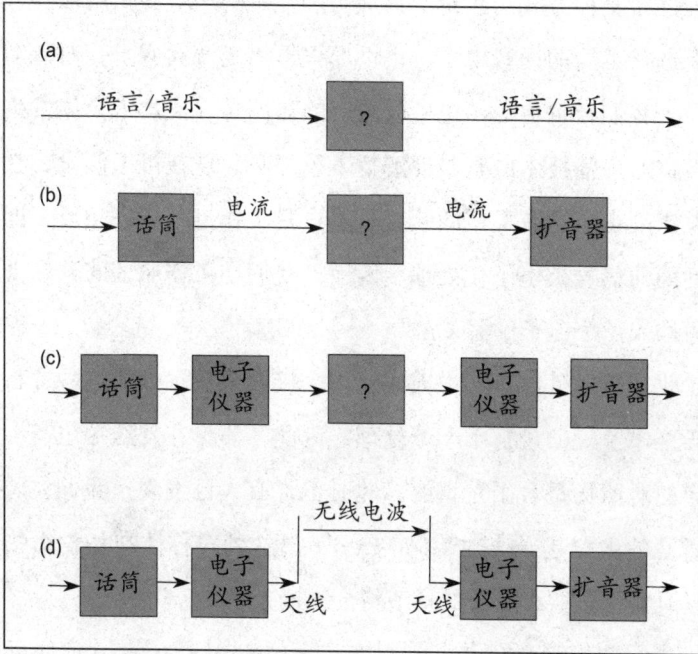

图8：通过对所观察事物在思维上的逐步补充构建一个功能链条，将最初难以理解的事物分析梳理并结构化重建，从而使其易于理解。此处以收音机为例。

我们听到的声音是从扩音器或耳机中传来的，两者均由电驱动，即它们把电流转化为声音（其具体工作原理暂为未知，所以将这一过程也看作一个黑盒子）。扩音器/耳机内的电流信号必有来源，因此，在这条工作原理链条的开端，必有一个将声音转化为电流的设备——话筒。这样，我们便找到了前两个连接点，它们使复杂的事实原理显得不再那样难以理解（b）。

接下来，我们再次回到终端：传入扩音器的电流信号，肯定先经过了某种方式的收录、整理与加强——毕竟我们可以在收音机上选择不同的播音电台，也可以根据需要调大音量，对此需要有一个我们暂且称为"电子仪器"的东西（在此之内具体发生了什么，对广播技术的基本理解暂不重要）。现在可以假设，在电台发送端也应当有类似的装置——只是工作过程正好相反，即来自话筒的信号被电子化处理。因而，我们在工作原理的开端处也想象加入一个电子仪器"盒"（c）。

收音机的外部有一根天线，用来接收来自远处的信号并将其传导至电子仪器进行下一步处理。因此，假设在发送端也有一个相应的对照物是合乎逻辑的。此时也许有人已发现：我们在此推理所得的大概是一个对称结构（d）。这种对称性在认识事物的关联时非常重要，此后的章节将会再谈及。

我们的思考是逐步的，从前向后、也从后向前地向中间推动。现在还缺失的是两根天线之间的链环，因为工作原理链条的两端都与电相关，显而易见的——发送端与接收端的连接也与电相关，那便是电磁波。

随着最后一个"缺失环节"的浮现，我们的思维链得以完善。至此，虽然我们尚未详细了解这一切是如何运行的，但其基本原则已了然于心，也不必死记硬背复杂的关联，因为可以随时自己推导并解释。

有时我们可能想要更深入地了解具体、详尽的事实细节。例如，传统调频广播与现代数字声音广播的区别是什么。这时便可以使用上文所描述的方法来分析：先仔细研究每一个组成部分的输入与输出是什么，并在思想上逐一建立"缺失环节"。在上文示例中，我们需要在想象中拆散、分析一个电子设备"盒"。这并不总是简单易行的，通常需要其他帮助，但如果我们想理解细节，最终没有任何一种方法可以绕过这样的分析研究。

凭借这种方法，每个人可以自己决定理解某事物的深度。但到一定的理解深度前，我们总是需要建立这样一条逻辑链，否则很多现象会显得没有关联。那样当故障发生时，我们可能会非常无助。但如果我们对事物有基本的理解，那么当自己必须排除故障时，便不会在黑暗中盲目行走，而是可以系统地分析探索。例如在上述收音机的示例中，可检查三种常见故障源：电源及电池/蓄电池（不然整套设备都不能工作）、天线的正确连接（否则接收不到信号或只能接收到受干扰的信号）以及扩音器或耳机的连接（不然听不到任何声音）。通过这种简单的检测，日常生活中遇到的大部分问题都可以解决。

类似方法原则上也适用于其他设备，如电视机、导航仪、计算机播放器，等等。当然，这种逐步分析的方法不仅限于理解或解释技术事实。此外也并非一切都可用线性链条结构来解释，有些思维链往往还相互连接，可以组合成网。此时解释事物会更加复杂，但其结构与关系也变得清晰明朗，我们将在下一节中具体介绍。

练习

练习19：任意选择一个技术仪器，观察它的输入与输出，并尝试逐步理解两者之间的关联。

这怎么会发生——链条，网络法

事出皆有因。就连貌似"突发"的事件、"不可预见的"灾难或"奇迹"也有起因，而这些原因背后还有导致它们的原因！表述这些联系的最简单的方法便是，借助相互连接的几何图形进行表示，并用箭头标记作用方向。对于最简单的事例，我们会得到一根简单的因果链条［参见图9（a）］，每个左侧事实总是其右邻事实的原因。在这样的因果链条上，我们可以清楚看到应从何处着手解决问题。

但人们往往总是只探讨或争论因果链的最后几个环节，因为其对应的关系相对容易辨认和理解。尽管这样可以较快地找到解决方法，但这些方法常常不是很有效，因为"深层"原因依然在生效。

以尽可能短的因果链进行推导得出的论点、论据，尽管更容易向他人介绍，但它们也时常会将我们置于虚假的确定性中，因为简单的关联迎合了我们希望尽可能洞察、领悟事物的愿望。而我们应该明白，一个事实可能有多种原因，哪怕仅缺少其中一种原因，最终后果/影响都将不会呈现（b）。我们还必须追寻因果链上可能出现的分支，这些分支的发展有时甚至会走向"相反的"方向，或应当加以优化与完善（c）。居民区的交通情况便是一个典型的例子：居民希望尽可能安静、不被打扰，而商店和企业所有者则希望人员往来越多越好，这样他们才能有客源。

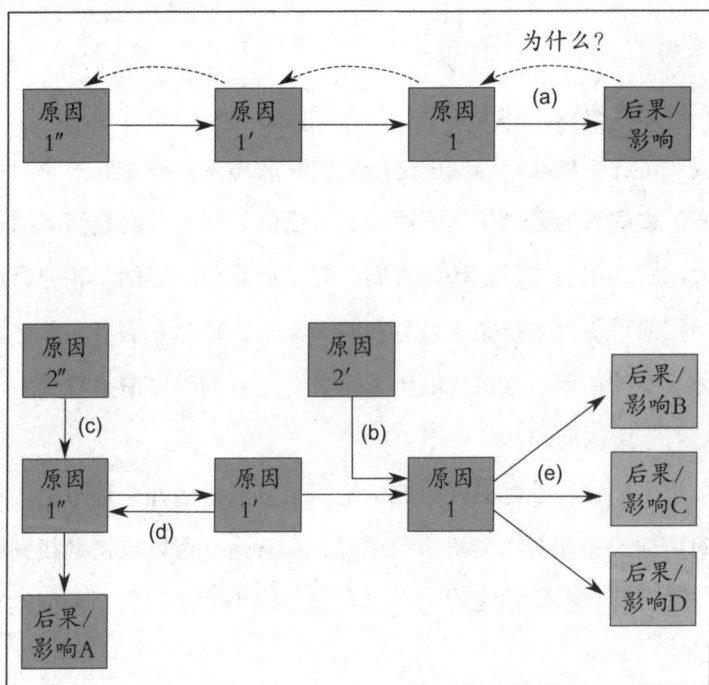

图9：当我们追问原因时，可找到因果链（a）。因果链会有分支，也会相互连接形成网络，以至于往往只有在考虑多个原因（b）时才可推出结论，或可能会出现相反的发展（c）。原因及其后果又可相互影响（d）。一个原因也可能产生几种不同的后果/影响（e）。

因此，在因果链的"交叉点"上，事物往往不得不有所妥协，即人们必须先在某一"中间值"上达成一致。为了达到预期目标，在因果链的后续环节上，则相应付出更多努力。

在思考问题时，我们可以把因果链扩展多长并互联成网，具体情况具体对待。重要的是，我们绝不可只追问一次"为什么"，而是要在每一次探寻原因时都不止步于第一个答案。在深挖原因时，有时我们会遇到已不能改变的事实，但这也可能是重要信息：因为此时我们已掌握有效因果链的开端，也了解在哪里可以让自己的活动产生影响。

但是，在寻找因果关系时，除了复杂的"网络"外还有各种其他问题。首先，不能总是仅沿着一个方向观察研究因果机制，有时结果也会反作用于并改变其原因（d）。其次，因果链或因果网络是会随着时间而变化的动态结构。最后，量子理论发展起来时，科学界已明白——相同的情形与条件并不必然有相同的发展与改变（e）。世界不是一台设定好万事的运转方式和既定目标的机器。决定论的、线性的思考本已属于过去，但因为它简单易行，所以仍在被大规模地实践。

在某些情况下，我们需要使用抽象法简化已显得混乱无序的因果（思维）网络，直至主要的、本质的关联清晰呈现出来并可保持下去。如果无法找到清晰脉络，则必须接受、适应该事物的复杂性，并使用计算机进行分析，以"模拟演绎"各种可能的情境。但我们并不是完全依赖于计算机，因为现实表明，即使在复杂的网络中也存有普遍适用的规律，无论是社交网络还是生态环境、金融经济或技术中的网络结构。因而，我们可以相当准确地推断，例如在何种情况下网络会保持稳定或崩溃。总之，即使在复杂混乱的网络中，也存在着可以辨认的关联。

练习

练习20：在日常问题中，尽可能地追溯因果链、因果网的源头，并在必要时用示意图展示。思考如果某一原因或多个原因有所改变，会发生什么。

再见甚欢——模式法

如果可以将未知事物与已知事物联系起来，便可以理解未知之事。因此，为了使这个世界不至于看上去完全一片混乱，我们总是在持续寻找熟悉的结构、模式、重复或规则，对此可使用以下的方法：

首先，可以把我们的经验和认识作为模板"放置"到将要评判的事实之上。如果幸运，我们会找到一些一致相似之处。如果没找到重叠，则需要尝试转变视角，用可以将新事物与已知事物进行比较的方式来观察、研究。在数学上这种"模板"法被称为"相关"。对相互比较的数组的区别进行计算，如果数组之间有很多相似处（即数字序列大致相同），相同的数字累加，相关值就高；如果没任何匹配（即数字随机向上或向下偏离），数值相互抵消，则总相关值为正/负/零。如此，计算机可以找到相似和关联。其实，我们每天都在互联网上使用着这种方法——网上的文章、图片和音乐是数字化的，即它们被分解为数字，搜索引擎可以通过相关性"认识"出这些数字的模式。对大型研究机构如欧洲核子研究中心（CERN）的实验评估或对星空的分析，不使用"相关性"已不可能运行，因为每位科学家已不再有能力分析如此海量的数据。这种在科学界早已普及的做法，近几年也以"大数据"的概念进入了许多社会领域。

可是，只有当新获取的事实与已存储的旧事实差别不大时，"模板法"才有效，这意味着我们必须首先清楚自己在寻找什么。

在科学上，成熟理论与范例（思维模式）便是辅助"模板"，借助它们便不必对一切都从头开始仔细考虑，一些预制的解释只需在有出入时进行相应调整。在日常生活中，通过经验所学或传承得到的"秘方"和引导，是我们用来初步处理新事物的"模板"，旧事物之上的新添加部分会被逐步调试。

但是，如果未知事物看上去与已有认知毫无关联，就比较困难了。这时必须调整模板法，将其首先应用在未知事物的具有代表性的各个部分上，我们称这种方法为"特征法"。

一切复杂事物都由各个部分组合而成，如果能在这些组成部分中发现某些已知、已识，便有了初步进展。然后我们须尝试从已识别出的"零部件"中去推理整体的构造。原则上，我们在此的所作所为，就像一个刑侦警官从最初毫无关联的各个细节与迹象中重建整个案件一样。

如果在整理这些组成部分时能够发现一些"模式"——无论是在现实中还是在示意图里，我们便已得到了关于结构和关系的提示。这种发现常常甚至自觉性地发生在有意识的分析之前，被称为"前注意"感知（德语präattentive Wahrnehmung，源于拉丁语prä以为"在……之前"，attentio意为"注意、专心"）。自然，我们也可以有针对性、目标明确地寻找这样的关联，图10中所展示的便是几种此类典型情形：

相近：如各组成部分位于彼此的附近，可能意味着它们之间有相互作用，或有共同起源。

相似：相似性有助于理清混乱，且彼此相似的组成部分常与同一起源有联系。

重复：它们指向/暗示始终相同或连续运作的机制。

对称：在对称排列的组成部分之间常存在着指向/暗示（内在的）均衡、平衡的关联。

内外：外在的对称通常是内在对称关联的一个征兆。

单侧：对称（物）上单侧的故障，暗示一个定向的干扰过程。

缺失部分：当缺失信息时，我们可以通过补充性思考的能力，从部分信息中推导整体，即我们不必总是要追求无所不知，而是可以在想象、思考中补全缺失的部分。

连续：一般情况下，结构和过程是持续的，可以在不明朗的境况下跟踪结构的延续或进程的发展。

不连续：如果在进程或线路走向中有跳跃、裂缝或急剧改变，说明可能有根本的质变，一种全新的思考方式便可能是必要的。

除了上述特征外，我们还常常会注意到一些独特的几何图形：线、角、平行线、三角形、四边形及圆形。古希腊的许多思想家便已认为简单的几何结构"映射"了我们这个世界的基石，现代原子物理学已证实了这一点。有意识地观察一下四周，你会惊奇地发现，世界万物中包含着多少几何图形！

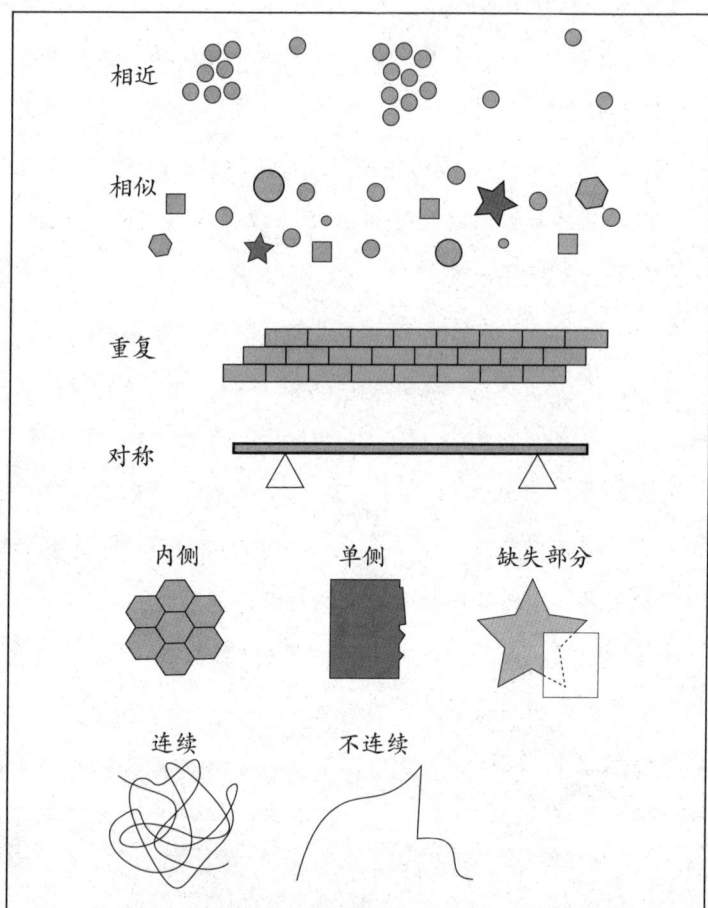

图10：在分析事实时，我们大多直觉感知和使用的关联。

除了基本的几何形状外，还有一些典型的、会在不同情景出现并提示基础运作机制的基本模式。

阶梯：阶梯状的线路提示着构造由完全相同的组成部分装配而成，如乐高积木搭建的模型。

波：大面积的、并非完全有规律的波状结构指向混乱，即通过相互作用组成较大结构的微小组成部分的不可预测的行为，如水面、沙丘、海底、小溪内的波状结构或卷积云。

模式中的模式：表示覆盖、叠加，即两个类似过程的作用与影响。如果用数码相机或扫描仪拍摄精细的、规则的结构，常会产生大规模的条纹图案（莫尔效应）。

分形：在这种模式中，从远处观察与从近处观察看到的结构很相似，这种结构通过一种特别的增长而产生，即在大结构上一再反复出现该结构的小型复制，如树叶、树木、血管、河流三角洲、云朵、雪花、晶体、动物皮毛花纹、指纹。

杂讯（噪声，英文noise）：不遵循任何可识别的模式的过程（但可以统计学方法记录的），标志着多个独立、单一进程的作用，如电子设备的嗡鸣、森林的沙沙作响、大海的波浪声、潺潺流水声、嘈杂的交通噪音以及气象数据或股市的动荡。

我们不应将模式看作纯静态的现象，模式的时间变化中也包含着提示与信息，而且我们还可以观察四周环境、寻找模式并从中推导结论。在绘制示意图或追寻关联时，应完全有意识地使用模式，以使不明了之事清晰显现或在图像式思维中被认识到。总之，模式可以向我们揭露隐藏的机制。

练习

练习21：在四周环境中寻找几何图形与模式，并从中推导其形成原因的内在关联。

利用旧知识——差异法

在日常生活中，我们通常不需要处理全新的、完全未知的事物。只要能辨认、确定与旧系统、设备或状态的不同之处即相对于"旧"发生的改变，便已足以应对新事物。我们将新事物想象为模板放置在旧事物之上，寻找它们之间的区别，便可以识别相对于旧事物的不同/改变。原则上，这种"叠置"的主要结果是"减法"的结果，如图11所示。

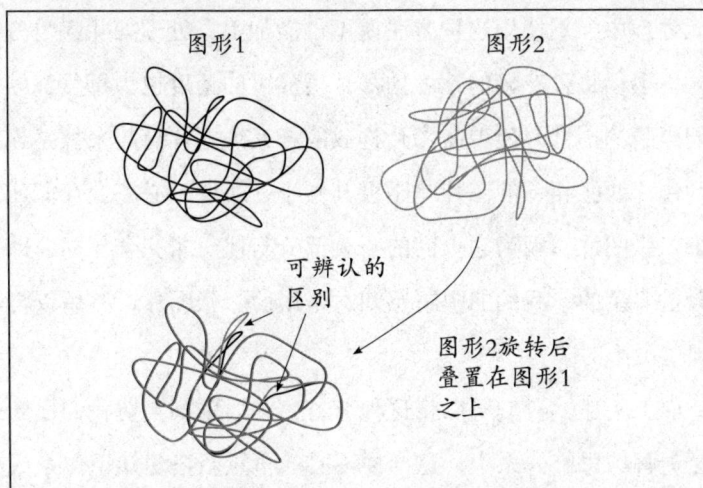

图11：在适当旋转（转换视角！）并叠置两图后可见，上图所示的结构1与结构2之间仅有极少的区别。

当我们只需要关注陌生事物上的"改变"时，可节省大量精力。例如当我们从一款旧智能手机换到同一品牌的新型号时，使用旧手机的很多经验可以继续使用，我们只需学习新添加的功能（即"新"与"旧"手机之间的区别）。而更换手机品牌/厂家或从未使用过智能手机的人，上手使用新手机则困难许多。概括说来就是，关于某类事物知道得越多，我们学习相关的新知识就越容易。

这听起来不太公平，已拥有很多知识的人，比没什么知识的人学习更容易，那么这两个群体的智识差距会随着时间将继续扩大，长远以来谁会更加成功，是一目了然的。所以，我们应该相应调整自己的学习策略。

差异法的巨大优势，在技术应用上也很明显：例如，在电子图像处理中，不使用这种方法便不可能加工、处理如此大量的数据。电影以每秒25帧的速度拍摄，播放时的速度也为每秒25帧。我们眼睛的惰性，使单张图片构成的一系列图片看起来像是连续的动作。两张相邻的图片差距极其微小，所以不必完全存储或加工第二张图片，因为它上面的一大部分与前一张完全相同，即这部分是多余的，我们的眼睛感知、采用前一张图片，然后仅再加上那些微小的改变。

如上所述，我们可以将这种节省原则运用到一切我们已知或已经理解的思维体系中，这样便不必一再重新搭建知识体系或重新学习。

如果想借助作图法来展示复杂事物，必要时我们可以仅用一个符号（比如一只黑盒子）来概括表示我们已知的事，以便集中精力面对新添加之事。通过这种激进的抽象化，有时图表所展示的事物会简单得惊人，只是我们不要忘记，现在的整体是由大比例的"旧"（虽然在展示图上可能画得小）与新变化组成的。

练习

练习22：考虑在自然界和技术领域何处可以使用差异法中只加工新变化的节省原则。

练习23：每当面对新事实、新情况时，考虑它怎样补充了我们现有的知识框架。如果未发现新事物与旧认知的关联，尝试使用"缺失环节法"去寻找。

第三章

正确评估局势的方法

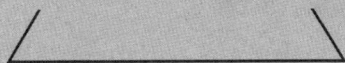

悉数呈来——数字法

读了前几章节的内容，大家可能会认为，物理学的工作方式与人文科学并非大相径庭。其实，物理学家不局限于观察和抽象化地谈论事物，他们还测量、比较、计算。简而言之，他们用数字理解、记录、表达世界。这可能会显得过于客观平淡、片面狭隘甚至死板固执，但这种方法有两大优点：

所做陈述可比较、可校验。

数字关联可用公式来表达，因此一经发现的关系可总结，就可转用于其他事物。

"万物皆数"可追溯至古希腊的数学家、哲学家毕达哥拉斯。他认为，世界的基本结构可以量化、理解和计算。延续着这一思想，历代物理学家们以数量关系具体化他们的见解与发现。所以，在图像式思考后，他们总是会使用数字和公式开展冷静客观而又对细节要求很高的艰辛的工作。

可以用数字解释、描述的事实称为"值"。但是，"值"不仅是一个数字，还需要"单位"作为计量。例如：一辆汽车的功率（值）为85（数字）千瓦（单位），在此数字表明所存在的"单位"的数量。我们可以用字母来代表各种"值"并借助抽象法、使用熟知的符号"+、-、·（乘号×）、∶（除号÷）、=、>、<……"建立不同"值"之间的关系。利用由此得来的公式，我们不仅可以计算，还可以推导、概括或预测。

在某一特定时间点，可用数字描述的，一般被物理学家称为"状态"。在此须注意，仅仅一个值或一个数字往往不足以描述一个状态，因此物理学家们经常将几个值整合为一个新的值，比如某巧克力的热量为每100克2500千焦，它也完全可以用每千克的卡路里数来标记能量，同一事实只是描述所用的数字不同。

可怕的是，面对数字说明，很多人并不真正知道或了解它们的含义到底是什么，可人们仍然会为此争执！所以，当讨论数字时，我们应该首先澄清、确认数字所表示的值是什么，观察时所使用的计量单位又是什么。这本应是不言而喻、众所周知的，但鸡同鸭讲、各说各话的情况比我们想象的更常见——尽管双方自以为他们争论的是同一要点。

当然，日常生活中的一切并非都可以量化——尤其在与感情、艺术或信仰相关的领域。我们更偏向于直觉领悟这些状态，但它们也可以进行比较：有些更大或较小，更强烈或较微弱。

状态在未来将怎样改变，是每个人都应思索的重大问题。因为，如果知道事物将如何发展，我们便可做出相应的行动。那么，为了解决所面临的相关问题，如何最佳地描述、理解一个状态呢？

首先，我们必须将所有可掌握的事实作为数字明确列出，只有这样才可以尽可能精确地描述当下的情景。对事物泛泛而谈，在一定程度后便于事无补了，因为对事实的模糊指称，对信息的隐瞒甚至操纵，将导致错误评估和错误决定。

任何人都可以审核数字和计算，仅用简单方法便可。虽然数字也可以造假，但真相终会显露，就像汽车制造商为了提高销量而操纵柴油家用车的尾气排放值，被人发现并公之于众只是时间问题。

如果一个系统足够复杂，制造并传播虚假数字便相对容易。所以，当面对数字时，我们应该一直与其他数字说明相比较。如果数字与我们的经验或公认的平均值有偏差，应追问原因。如果有人向我们提供貌似"优惠、有利的"数字（比如异常高的收益利息），他必须能够对此给出一个合理的解释。如果没得到或自己不能找到充分的解释，便应谨慎并保持批判。

此外，我们必须总是追问，数据有效的前提条件是什么。因为，即使对于简单事实，不同专家也能给出不同的报告——而且不能指责他们操纵数据。但是，根据不同的观点和各自的目标，人们常常会选用符合自己意向的数据报告或前提，对于复杂事物的鉴定，甚至可以获得想要的、符合自己意向的结果——只需选用相应的鉴定者。

在知名的项目中，比如柏林新机场[1]或斯图加特新中央火车站[2]，各层面的虚假数字导致了灾难性的成本增加与时间延迟。在过去，各个利益集团"美化"了很多数据计算。

我们不能有这样的想法：由于太过复杂，如此大规模的项目中难免会发生错误。但也有遵循时间和成本计划的大项目，比如：圣哥达隧道的建设。这些成功的项目通常证实了：项目负责人可以正确计算，也能精确控制。事情本来就这么简单。

但为了挽救许多管理人员的名誉，我们应该指出数据本身具有不确定性。假设专家对任意某一值给出的数据在10与11之间波动，即有10%的不确定性。如果以线性关联思考，与输入值相关的输出值将以同样的程度升降。但是，如果该值在计算中为取平方，那结果将最小是10 × 10 = 100，最大是11 × 11＝121，相差约20%。在计算中离线性相关越远，偏差便越大。所以，简单舒

---

[1] 柏林-勃兰登堡机场于2006年9月正式开工，最初计划于2011年11月开启运营，然而由于施工监管不力以及计划错误，再加上技术缺陷和行政管理不当等重大问题，导致实际运营日期数次延期，最终在2020年10月31日正式启用（2020年受新冠肺炎疫情影响，新机场开张但没有"理论上"可迎接的客流，又因为申请联邦补助而备受"还未开业就快破产"的嘲讽。），实际成本也比原计划的约28亿欧元多出将近50亿欧元。在过去几年的延期修建过程中，柏林新机场项目是德国各讽刺脱口秀节目的"宠儿"。——译者注。

[2] 斯图加特中央火车站重建项目的名称为"斯图加特21"。斯图加特中央火车站改造计划于1994年启动，原计划2021年前完成，工程名称"Stuttgart 21"正是由此而来。因民众反对、政府的政策变更以及技术原因等，现计划主体部分将于2025年完成。——译者注。

适的线性思考可能会导致极端的错误评估！

另外，还有多少其他的值（这些值也有不确定性）共同决定了最终结果，也至关重要。相关的值越多，最终结果的不确定性也越大。我们看一个简单的乘法：$x \cdot y = 100$。只要不知道x和y其中一个的具体数值，便不能确定另一个的具体值。例如，如果确切知道$x = 0.2$，便能算出$y = 500$。但是，如果x在0.10 和0.25间波动，那么y的数值便位于1000与400之间。

如果有可能，我们应该追问：初始数字是以什么方式进入后续观察与思考中的？有所谓的误差传播或不确定性传播，可利用它们精确计算误差。一位认真的专业人士应该可以据此回答这个问题。

就像我们盖房子或翻新、装修时会索求多个施工队的预估成本报价一样，面对影响重大深远的政治或经济问题时，我们也应尽可能多地获取不同的独立计算或鉴定，并以此作为决策基础。这不仅是为了获得"最便宜"的报价或"最优惠"的发展，借助不同的咨询与计算结果，我们能了解到可能性的域宽范围。对复杂的社会学问题的调查研究表明，基于同样的数据，不同的科学小组会得出不同的计算结果，并以此推导出一部分截然不同的结论。但是，如果这些小组相互交流，共同讨论、比较他们各自的模型和工作方法，并在必要时考虑其他组的认识和理解，将会得到全新的结果。当然，依然存在一定范围内的可能性，但这个范围的域宽变窄了，并且比单一结果"更确定"得多。

相对于仅依靠一种计算，上述方法所需的耗费将高出数倍。

但是，对于重要的事物，我们不应畏惧、躲避这样的付出。其实我们也没有其他选择，因为系统越复杂，不确定性也越大。

　　一方面，数字提供了确定性，但如果仔细观察，它们也同时具有不确定性，我们必须考虑到这些不确定性。无论如何，在做出重要决定之前，所有数字——所有可能的起始数值和所有计算结果都应明摆到桌面上（而不是藏在地毯下）。出于所谓的"别无选择"而采取的自发、冲动的行动，即未经认真思考与清楚计算各种可能与场景的行动，可能会带来严重后果。

练习

　　练习24：请注意有多少事物可以用数字来描述。

　　练习25：面对重要数据时（如价格、利息、技术参数、新闻中出现的数字等），时刻注意与自己的经验进行对比。如果数值偏差很大，就要追问原因。

费米的诀窍——心算法

现在会心算的学生越来越少。很多人认为，这也没什么，因为便携计算器和智能手机总是就在手边，可以代替我们进行烦琐的计算。但这一论点，与不再需要学习外语的观点一样站不稳脚——因为有翻译程序和电子词典。

没人否认现代辅助工具所带来的巨大优势和全新可能。但我们要说明的是，为什么物理学家在众多领域都如此成功，一个非常重要的原因就是他们会在脑子里计算很多东西！通过心算，通常还在对话当中，他们就可以估测出某件事是否可能，也能从一个结果中反推出它的前提条件。

如果我们能在头脑中比较和计算数字，直觉上也就可以清楚了解数据内的关系和模式。相对于心算者，需要先打开仪器再输入数字的人首先在时间上就已经落后；其次，因为没有在头脑中加工、处理数字，这类人缺少对所使用的数量级的直觉感受，例如：当数字输入错误时（这很常见），因为只是被动接受显示器上所显示的数字，他们不容易注意到完全错误的结果。相反，主动在内心积极估算、衡量的人，在思想上对计算结果有更清晰的预期，因而能够更快地注意到错误（不论是自己的，还是他人的）。

诺贝尔物理学奖获得者恩利克·费米[1]以特殊的方式精练了心算法。当世界上第一颗原子弹在美国新墨西哥州的沙漠中被引爆时，人们根本不清楚它的威力有多大。费米在安全距离外观察了这次爆炸——他撕碎了纸片，在感受到爆炸冲击波时，将纸片散落让其随冲击波飘走。通过计算纸片落地的距离，他用简单的计算估计了炸弹的爆破力。后来对传感器所记信号的分析证明，费米用简单计算得出的结果竟然惊人地精确[2]。他的诀窍在于：将一个大的（计算）问题分解为数个小的、可以心算的计算。这个方法的优势是，各子计算估算结果的误差通常可以相互抵消，所以最终总结果常常相当准确。这就是，分解的子问题越"细小"，最终结果也就可能越正确。

在这类计算中，首先不是要精确至小数点后多少位，而是估算一种作用的数量级或一件事情在原则上的可行性。所以可以

---

[1] 恩利克·费米（1901—1954），美籍意大利物理学家，1938年诺贝尔物理学奖得主。1942年，费米领导小组在芝加哥大学建立了人类第一台可控核反应堆（芝加哥一号堆，Chicago Pile-1），为第一颗原子弹的成功爆炸奠定基础，因而被誉为"原子能之父"。——译者注。

[2] 1945年7月，世界上第一颗原子弹在美国测试爆炸。在爆炸前，费米从笔记本上撕下一张纸，撕成碎片。爆炸40秒后，当他感到第一阵震波时，便把碎纸片举过头顶，然后松开手。纸片落在他身后约2.2米处。费米经过心算后宣布，这颗原子弹的能量相当于1万吨TNT炸药。复杂的仪器经过几星期对震波的速度和压力的分析之后，证实了费米当时的现场估计十分准确。——译者注。

说，物理学家是"有根据地猜测"的专家。所有人都应当掌握这种能力，以便能够识破各色说客、代理人或理论家通过捏造数字编的胡言乱语。

与心算直接相关的是"对数字的感觉"。为了拥有"数感"，我们应努力尝试基于自身经验的"比较"。比如，在肉店买肉时就可以感受到"数感"的优势：如果我们想买100克某种香肠，一般情况下，经验丰富的售货员仅需简短估计便能找到下刀点，切下一段重量相当接近100克的香肠——因为他们已经通过持续练习具有了相关"感觉"。

以类似的方式，物理学家能够在思维上直觉处理各种值。通过与已知事物的不断对比，他们形成了自己的图像式想象和确定的估测，一切不过是熟能生巧！

但是，数据所使用的计量单位和数值之间的比较还不能完全代表该数据的"质量"。通常还必须追问，某一特定数量有什么"作用或效果"。例如，在研究制作一道精美菜肴时，添加极少的香料可以完全改变菜的风味：它可能变得更加美味，但也可能因为多了某一滋味而全盘尽毁。

这一事实在很多领域通用：低浓度的有害物质就能污染空气，寥寥几个好斗之徒便会恶化一个大型社区的氛围并完全改变社区的风气。所以，当我们听到很容易令人忽视的"几个百分点"时，不要上当受骗。面对数据时，一定也要同时关心数据的质量和它代表的作用！

练习

　　练习26：抓住每一个机会练习心算！

　　练习27：将数字取整，并心算检验他人宣称的数字是否正确。例如，在超市购物结账前，按照物品单价来估算所购物品的总价。

一目了然——曲线法

俗话说，一图胜千言。这句话也可改为：一图胜千"数"——因为在图像中最容易识别规律。因此，我们应尽可能使用图表来展示要分析的事实对象。

我们一再提及"图像式思考"和"使用图像工作"，这并不奇怪，因为人类本来就是靠视觉接收绝大多数的信息。

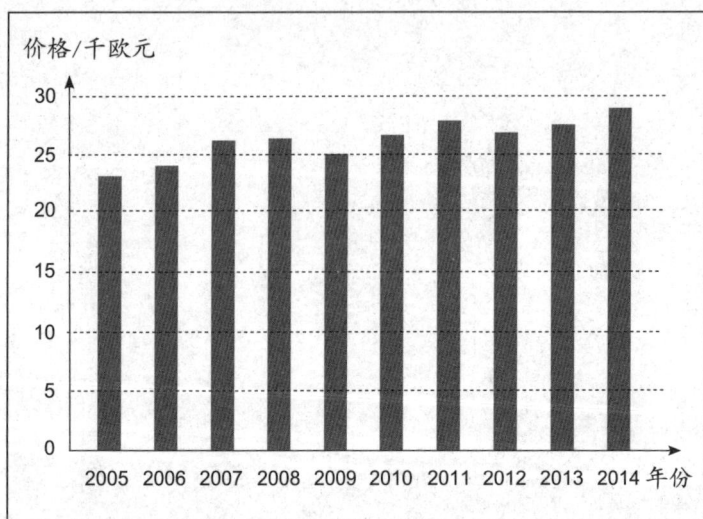

图12：随时间变化的发展模式，表明了若干种影响的共同作用。（汽车新车价格）

我们来看图12中的新车价格的发展走向，在此显然没有连续的线性上涨，并可辨认出两种相互叠加的进程：价格上升速度逐渐放缓，并伴有一定规律的跌涨起伏。如果我们只是简单列出数值，就无法立即辨认出如此复杂的价格发展趋势。

我们在"模式法"章节中提及，特殊的模式提示了在其中产生作用的机制与关联。放缓的上升指出了抑制持续增长的反作用，轻微的起伏则暗示着在时间上规律出现的影响。

数学上用公式表述一些基本关联，即所谓的函数，它们令人惊讶地在最多样化的应用中反复出现。上述汽车价格的例子中，相关的是周期函数和所谓的饱和函数。

在实践中，尽管各函数极少单独存在、以理想形式出现，但每个人都应了解最常见的函数。通常如果这样的函数关联同时出现，它们也可被一一辨认。因为经常使用这些基本函数，物理学家对它们的曲线走向很熟悉，所以他们能通过模式法直觉辨认出原因和故障，或者能更好地预测未来发展。

因此，接下来我们将介绍图13中展示的几个典型函数，但在此不会深入到数学原理。为了便于理解，我们主要观察随时间产生的变化进程，即横轴表示时间。但这种观察可以使用于任何其他值和关联。最重要的是，我们能以某种方式获得对这些函数曲线走向的感觉。

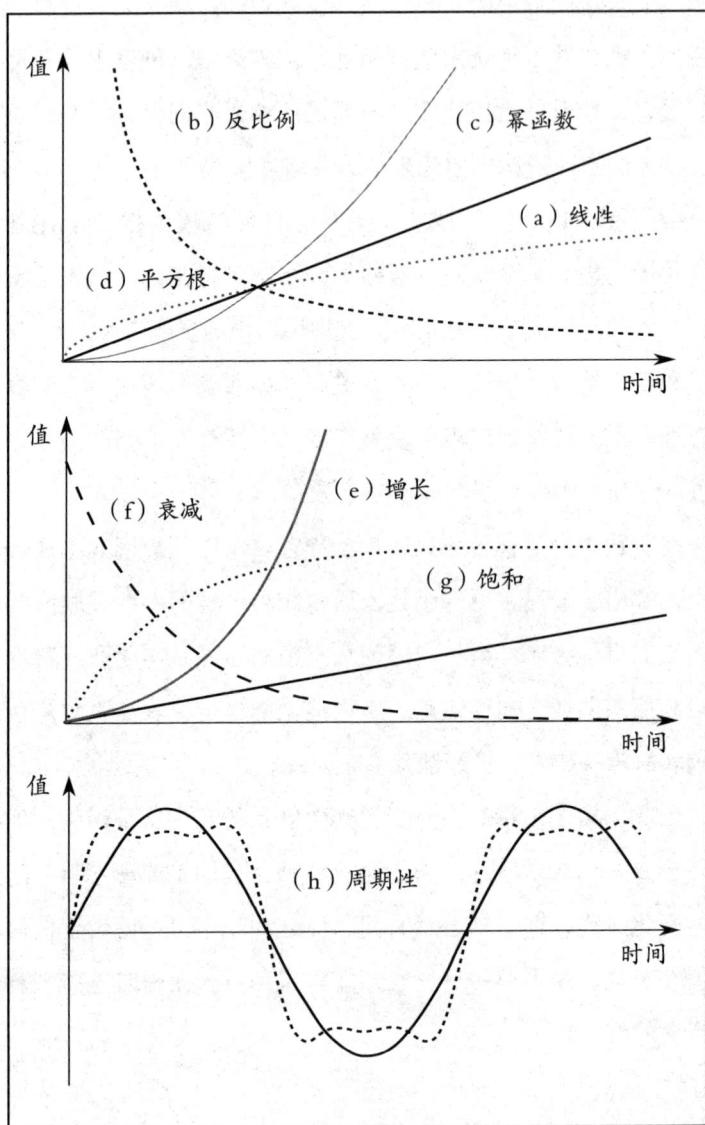

图13：基本函数

（a）线性函数

一个值越大，另一个值也就越大。这意味着，纵轴上的值与相应横轴上的值相除，总是能得到同一特征值，这一特征值表示了曲线上升或下降的陡度。假设我们以恒定速度行驶，那么随着时间增多，完成的行程也越来越远。函数曲线越陡，速度越大。如果行驶速度为每小时100千米，那么一个半小时走过的路程是150千米。这是所谓的比例计算，日常口语中也将这种计算方法称为"交叉相乘"。

（b）反比例函数

一个值越大，另外一个值就越小，比如：一个人挖好一块花床需要60分钟，那么两个人30分钟便可以完成，如果三人挖掘则仅需20分钟。这种相关所展示出的曲线，标志是向坐标轴渐近。但是，显然这种计算的有效范围是有限的。如果3600个人在花园内同时劳作，纯计算上只需要一秒钟便可以挖好花床……所以，我们必须注意这种关联的有效范围。

（c）平方及其他幂函数

当一个数值翻倍（×2）时，另一个值增加为4倍（$2 \times 2 = 2^2 = 4$）。例如，当某事物受一恒定作用力推动时，会出现这种相关的变化。比如现实生活中的例子有：开车时匀速加速。当仪表盘上的速度指针均匀上升时，我们行驶的路程会随着时间平方增长，也存在比二次方更强烈的关联（即三次方、四次方等），但这类所谓的幂函数不那么常见，原则上它们的运用完全像二次方一样。如果我们将幂函数与线性函数相比较，便会发现最终的发展有多么不同。所以，有些情况下仅使用线性思维可能是完全错误的。

（d）根函数

如果某发展过程的走势不像线性变化那么强烈，往往可以用根函数来表述。例如：一个值增长为两倍，另一个值相应只增长2的平方根1.414倍。例如，如果想将1公顷（即1万平方米）的正方形土地的面积增大为两公顷，那么这块土地的边长将分别由100米延长为141.4米。这种函数曲线变化平缓，但依然在持续增长，而且不会达到终值！在随时间的发展变化中，我们尤其要了解这一点，因为在这种情况下不应预计增长不久后会停止。

（e）增长

无论是微生物种群繁衍、银行账户的利息收入、某一产品的销售额还是原子弹的核裂变，只要这些过程尚未达到极限，就会按照所谓的指数函数增长。对此，我们可以想象一场雪崩的发生过程。一小团雪带着另一小团雪，两者又各自分别裹挟带下一小团雪，每次"卷携"都会使雪团数量翻倍——依此类推，直到没有可以再被卷携的雪为止。

这样的过程一般在开始时还算温和，在最初甚至可以用线性函数来描述——因此也常被低估。它们在最初也不像幂函数曲线走势那么陡峭，但它们终将"赶超"其他一切进程。如果不阻拦、抵制这种发展，最终整体会导致大灾难。

（f）衰减

与增长相反的是衰减。因而，衰减也可以用指数函数来表达便不足为奇了——下降、减少的指数函数。当某一过程被终止时，会发生"衰减"：能量供给停止，设备被关闭，或不再提供维持状态的驱动。剩余的可用能量将被消耗，直至什么都不剩。

（g）饱和

人在饥饿中开始进食时，最初会大口吞咽，随着饱腹感增加，食欲会降低，每口的进食量也会减少，直到什么也吃不下。我们可以用一种缓慢接近极限（饱和值）的函数来描述这种行为或现象。

这种函数所描述的关联，大多发生在当针对一种作用有反作用出现时，而且这种反作用一直增长，直至两者达到平衡，所观察值不再变化。

（h）周期性

世界上的发展进程并不总是朝着一个方向进行。发展中一个非常重要的推动力是"重复"。此类周期性过程通常可以用正弦函数来表述，比如插座内的交流电的波形起伏。法国物理学家与数学家约瑟夫·傅立叶发现，原则上所有的周期性进程都可以整合或分解为正弦函数（图13中最下图的虚线所示），比如，潮汐极为复杂的过程便可借此描述。

练习

练习28：总是尝试辨认图表中典型的发展曲线与函数，这样常常可以清楚发现所展示的发展过程的原因。

临界确定的可能性——统计（学）法

什么能够真正被预测？让我们来看图14中的全球气温变化过程：

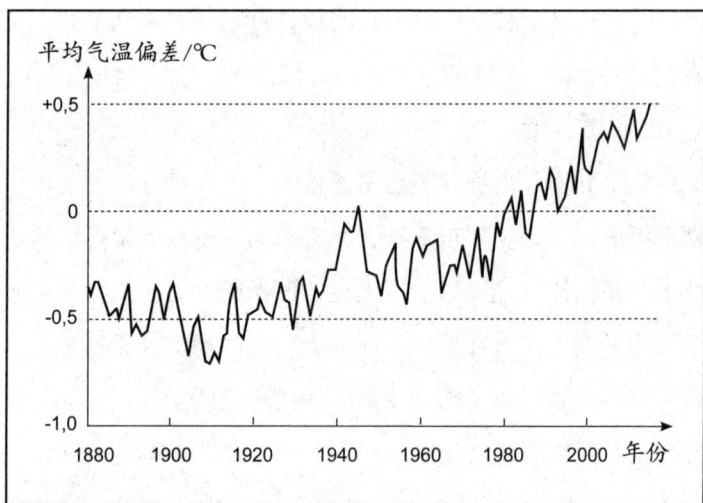

图14：全球变暖——以1951年至2012年的长期平均气温为基准，每一年地球平均气温的偏差。

气温值整体呈上升趋势，人类产生的温室气体的增多导致了气候变化。另一方面，也存在逆势发展的、气温回落的较长周期。对此，我们确实可以辨认出几种影响因素，如大规模的火山爆发或太阳活动周期。而尤为显著的是短期的、不规则的上下波动。所以，尽管气温整体趋于升高，但来年夏季仍有可能异常寒冷。这些不可计算的影响表明，很多不同的参数值和影响因素决定了气温。所有种类的碎片信息或股市行情的震荡同样如此。不论我们多么希望，准确预测都是不可能的。

物理学界一度在相当长的时间里确信：一切重要的、本质的进程，迟早可以得到相当精确的预测和计算——即使面对由多部分组成的复杂系统，也不过是总结全部的方程和预算所有的发展需要付出多少时间和精力的问题。本来，任何正常思考的人都应立即直觉性地反驳这种观点，但当时科学家们太沉迷于他们的成功，技术上突飞猛进的发展也彰显和证明了他们的成就。

彼时已存在以精确计算为特点的传统手段无法领悟、表达和解释的现象——尤其当许多组成部分以不同方式共同产生作用时，便成了"偶然"的天下！用概率、平均值及波动范围进行计算，是因为至少在数学上还存在能对这类事物有些许掌握的可能。

然而，仔细思考，我们便发现，使用统计学法有一个特别的隐患：在经典的观察、思考方法中，过程是可逆的。然而，由极多组成部分同时运作的过程，通常仅朝一个特定方向发展，并被证实不可逆。将一滴蓝色墨汁滴入一杯水中的例子便很直观：墨滴会随着时间在杯内散开，现实中融入水中的墨汁从来不会再聚集成一滴墨。

可能有人会认为，这种思维游戏只会在极少的现象中出现。

然而，我们在此涉及的是一个自然法则，它描述了世界的一个基本特征：即时间流向的确定，永远向前，从不后退！不认同这一点的人必输无疑。

这一认识曾让很多物理学家颇为失落，因为他们的自我认知被撕开了一道深深的裂缝。虽然很多发展进程依然可以精确地计算，但古典方法在很多现象上已经失灵了。就像掷骰子一样：我们仅能确切地知道，1到6之间的一个数字会落在正面，但具体是哪个数字却是未知的，每个数字都有六分之一的概率落在上面，再多我们就不知道了。那么，整个世界都只能用这种方式来计算吗？连爱因斯坦本人都认为这是荒唐的，著名的"上帝不会掷骰子"就出自他之口。

统计学其实可以纳入物理学的范畴，是在其他知识领域早已实践的方法，在20世纪的前30年终于成为自然科学中最精确的学科。那时，人们以为这种知识只是暂时的，终归会在某刻发现可以去除不精准、不确定的规律。但这已被证实为只是幻想，"不确定性"在物理学中保留了下来。

在我们这个世界的"内在"，计算与测量的古典设想已不再奏效，而这根本不是因为缺少测量工具的问题。在某些特定状况下，原则上我们不再能确切区分"1"或"2"，"此处"还是"彼地"，而这事关我们这个世界的基本结构！如果连微小事物都不能确切了解，又如何面对宏大之境呢？尽管宏观世界内的不确定似乎已可查明，但同时又出现了其他的统计学上可以理解的"不可测知"。最终，我们不得不适应持续存在的不确定性，毕竟现代技术已表明，这种思考、观察方式在实践中也很有效。最初的缺点、劣势，在未来可能发展为科学上的强大工具——不仅在物理学上如此。

统计学的思考方式表明，我们必须与百分之百的确定性告别。认为一切均可预测并且是事先确定好的决定论的世界观已经退役。未来是未知的、开放的。但至少我们可以估算需要考虑的不确定性有多大，这也算得上是有所收获了。

部分与整体——分解法

世界上的各种过程通常相互交叉联系，想整体理解它们，往往只有一种可能：必须在观察思考中将各部分和各过程单独剥离出来，并尝试分别去理解。然后，将各单独发现的认识"组装"起来，并希望能够以此来了解"整体"。但这种组成部分的"拼装"未必总能带来预期效果，因为自从亚里士多德时代以来我们就已明白，整体不只是各个部分的总和。

尽管如此，想要理性地认识、理解世界，我们几乎别无他法。将复杂事物分解、还原为基础的、不那么复杂的部分——从17世纪以来便是现代科学的典型方法。法国全才学者勒内·笛卡儿对此创造了一套以理性思考为导向的方法论，而这套方法论自此便成为自然科学的信条。他提出了需注意的四点：

1. 质疑：避免轻率判断与先入之见，只接受可明确、清楚认识之事为真。

2. 分解：为解决困难问题，应将其分解为数个（可解决的）子问题。

3. 结构：在认识与解释事物时，应从简单（各组成部分）到复杂（整体）逐步进展。

4. 枚举（递归）：时刻考察，在研究探讨中是否始终考虑了所有本质要点，以确保观察、思考的完整与全面。

凭借以上方法，人们大获成功——今天的自然科学与技术可以证明。着重于整体而不是分解的观察与思考方法，例如像歌德所提倡的那样，在过去经常被蔑视为不科学。但现在我们已有所进步，借助新的理论和计算机技术，我们可以越来越多地描述整个系统，而不必将其分解为各个组成部分。然而，在谈及这类思考观察方法之前，我们应先比较仔细地了解笛卡儿式的自然科学经典认知方法，因为在忙碌的日常生活中，这种方法越来越被疏忽、被遗忘。

1. 质疑：如今，质疑批判与避免先入之见难以实现，孤僻独行与满脑的偏见成见阻碍着我们客观地看待事物。强者矜然蔑视弱者，自然科学家轻视人文科学家，急需使用转换视角法！

2. 分解：为了将某一个别过程从相互影响、相互作用的密网中剥离出来，首先必须隔绝、分离它。科学家在实验中通过创造尽可能理想的条件而实现离析，但这在日常生活中是不可能的，我们只能观察发生了什么。如果想更确切地了解某些不可理解、不可解释之事，并试图解决与之相关的问题，我们应当思考类似现象、问题还会出现在何处。因为有时我们百思不得其解的问题，可能在别处已有过清楚的呈现，那么我们便不必重复已犯过的错误，"实验"可能已经完成了。

除了探寻他处是否有同样的现象、问题，我们还可以使用"内在图像法"——设想如果去除或加剧某一状况，将会发生什么。这样，我们便可以逐步接近事物，以便在本质上认识它，或者至少找到一个已知的模式。为了不忽视任何事物的本质，我们应在思想中多次从头至尾详尽分析演绎、改变和调整各种解释、可能，并研究使用哪种解释最有说服力。

当我们通过观察或在思想中将子问题离析到可以辨认、可以解决，则需再次回到"结构（由简到繁）"。

3. 结构：此时可使用"伯梅尔——假装自己是傻瓜法"逐步由易到难进展。对于整体结构的重建，除去纯物质要素外，还需要非物质因素，即某种构想、主意，只有它才能实现"完整"（参见第四点）：这个构想是"建筑图纸"，也可以称之为"信息"。这一抽象概念也可理解为"形状的量具"。在"分解、拆散"时，形状的很多要素可能会丢失，因为各个部分被从其所在的关联中分离出来了。所以我们必须也注意"建筑图纸"，即各组成部分之间的关系，以及将要重建和恢复的形状。

4. 枚举（递归）：我们在组建"构想"时是否真的考虑到了一切？必须注意，在组合各部分时，也可能出现新的质，这不仅指增大的复杂性，也指前文提过的"涌现"。

例如，在认知世界的努力中，甚至已经了解原子结构的人，也还远不能理解由原子构成的人。这自然也适用于很多结构上的"间层"。有哪些普遍适用且有用的规律，可描述在每一个复杂性的更高层面新属性的出现，是科学界的一个热门话题，而且我们对此还所知甚少。

尽管如此观察与思考更为艰难，但对每个现象我们都应当既注意基础，也要注意在各层面独特生效的规律，并以此指导行为。如果很幸运，我们将获得"协同效应"（英语synergy，德语synergie，源于希腊语的synergía = 合作），它指的是各部分自发共同作用并产生相互促进的效果。在合并、聚集不同的组织、部门、公司时，现在人们很喜欢谈论"协同效应"，而且含义必是"如此一切只会更好"。但这种正面效应的发生并不是确凿无疑的，也可能发生相反的现象，事物怎么可能总是相互促进而不是相互阻碍呢？所以，我们不能只是乐观地思考。质疑笛卡儿的第一点在此也是很合适的。

练习

练习29：在思想中将复杂事物分解为各个组成部分，注意在分解过程中何处丢失了信息。

练习30：在解释由部分组成的整体时，注意"涌现"的出现。尝试辨认"涌现"，否则可能会错误地理解事物。

尽可能简单，但不能再简——建模法

科学上用模型来描述复杂事物，模型在某些情况下是极度简化的图像，它们可以表现原事物针对不同解释目标的相应重要特征。

例如：原则上，铁路模型里的火车机车与现实原物外表一模一样，而它们的内部结构自然完全不同，但对于我们的目标——比如模拟并优化一个火车站内的复杂流程，模型已经足够适用。我们还可以进一步简化，仅使用长方体形状的积木来代表火车机车，它们看起来自然远不如按比例缩小的玩具模型，但对于规划火车运动和轨道占用情况，已经可以胜任。对此，做游戏的小孩子就可以作为我们的示范。原则上，其实我们也可以放弃实物模型，直接在一张纸或电脑屏幕上画一些长方形并移动它们——使用抽象法！

理论和数学模型也是如此，它们是文字和绘画形式的极端简化，有时甚至并不直观。一个模型可以回答的问题越多，便越有效。在建立这类模型时，一定要尽可能简化，但要注意——某一刻会达到一个不可跨越的界限，因为任何过分简化的模型都会误导我们，而且不要忘记一件事：顺其自然。每个模型都有它不可逾越的有效界限。

如"抽象法"一篇所提，对事物进行逐步简化需要艰辛的思索，对此所需的聪明才智与耐力毅力丝毫不少于设计大型的复杂计划。但我们不应放弃使用模型，因为它们可以帮助我们对世界的观察和考量变得容易。

但是，模型仅仅是事物的映象，而不是事物本身。这一点常被我们忘记，这时争论便是已被预设而不可避免的。只要明白所有的"客观"观察都有相对性，就会总是追问"正确"观点的有效范围。

练习

练习31：面对任何解释时，我们都应留心注意其背后的思维模型、简化的手段以及被忽视的事实，也必须注意模型的有效界限。

第四章

迷雾森林中的指路"图形"

粒子——乐高积木到处可见

有一个好消息：整个世界内在的构建相当简单——在分析与理解众多现象时，这一认识对我们极有帮助。12种基本粒子构成所有的"物质"，所以整个世界也不过是用某种乐高积木拼组而成的博大之物。

我们的社会也是由"零件"——即作为"个体"的众生组成。如果我们不理解"人"，就不能理解政治与经济的运作机制。甚至我们的"精神世界"也由一个个"零件"组成：我们的书写语言由二十几个字母组成；现在我们交流的所有技术信息，都是以0和1实现的数字化。

那么，世界容易理解吗？阅读过《部分与整体》一章的人，肯定已有不祥的预感：即使单个组成部分都是已知的，我们也远远不了解关于世界的一切，还需要"建筑图纸"。如果没有如何组合、如何相互作用并以此产生新特质的"信息"，我们便只能看到"无结构"。

有时我们可以很简单地描述"单个组成部分"。如果仅有两个组成部分，描述它们及其相互作用便还比较容易，但如果需观察的组成部分增多，它们多样的相互联系以及与此相关的方程式

（它们的数目也会增多）很快便会变得极端复杂。在物理学中，为了描述与解决问题，我们就必须使用电脑，对此所需花费的精力也将惊人和极超比例地增长。计算能力最强的电脑在相对简单的问题上也可能失败。可惜，很多正常的、日常的变化过程就处于这样的范围内，要理解它们还需大量的科研工作。

只有当数字巨大时，统计学方法才能奏效，我们才能又感觉安心一些。我们现在仅需处理为数不多的几个方程式，而不是很多的单个方程，它们不描述单个部分，描绘的是整体。如果现象由完全相同的组成部分构建而成，统计学的观察、思考方式便尤为有利。晶体上无数完全相同的原子团排列组合时，或形成外观精美的对称结构，或生成独特的电子特性——如果没有它们，今天的电子学将是不可想象的。

练习

练习32：试着在身边的所有事物中辨认构成它们的完全相同的"组成部分"。

练习33：注意如何以众生个体的性格特质来解释社会现象。

射线——"永"往直前

在"模式法"一章中，我们说过，几何图形让人着迷，直线性的射线尤其如此，它们代表着发展和持久。因此，我们总会为穿破云层、伸入无尽天空的阳光而着迷。

我们对光线的理解，至少可以转用在很多现象上，例如有热射线、紫外线、伦琴射线（X光）、水射流，等等。

目前已证实，所有"射线"都由完全相同的、微小的组成部分构成，它们自同一源头发出，高速运动着。射线的几何表达非常直观，比例关系在数学上很容易描述——比如古希腊人发现的、著名的截线定理。在自然科学以外，"射线模型"在日常生活中也能以各种方式使用便不足为奇了。

例如，在道路交通中，箭头，也就是"短射线"被用来指示方向。我们还会使用射线的图表方式，象征地表述运动、传递过程、力及其他影响。

射线有些神奇之处，它们往往是肉眼不可见的，因而人们常猜测射线为很多现象的直接原因。于是相当多的人相信：存在有害的"地面辐射"或某些石头或物质可以发射、吞没或转移有治疗功能的射线。尽管这些在物理学上都未被证实，但使用射线图形依然可以帮助我们理解、展示某些事物，只是不要忘记，我们的设想，像所有的模型一样，也是存在有效界限的。

辐射、射线的典范代表——光也不总是直的，在折角的边棱和缝隙处，光会发生折转并散射开来。此外，爱因斯坦的广义相对论还表明，光线在质量巨大的物质附近会发生弯曲。因此，直线只是一种数学上的理想，尽管便于计算与作图，但在实际中不是总能使用。所以我们还需寻找能更普遍地描述定向运动的概念，这就是"流"。

练习

练习34：在实际环境中和图片上辨认射线！

流——水、货币与移民

万物皆流——古希腊哲学家赫拉克利特的这句名言简扼描述了一切存在都处在持续的运动与变化中的趋势。在此我们也不是想详尽深入地探讨该哲学问题，而只是想研究日常现象——其中有很多真实的流动，水、风、电、热量、能量、光、血、货物、交通、货币、信息、人群，等等。这些"流"的数量之大及在本质上的千差万别表明，"流"在世界上是一种广泛存在的基本现象。

描述这些"流"时，我们可以使用箭头标明运动方向——即流动方向。但这样还不能显示运动产生的原因，如图15所示，只有在使用转换视角法时，原因才能在特定情况下清楚显现。例如，我们都了解水一般沿山坡向下流动，所以当我们"从侧面"看由A到C的截面图时，才会观察到，水的运动是由位置"差异"引起的，如果想说明水流的方向变化，则需截取由B到D的截面图。

尽管引起不同运动及"流"的原因的性质可能各不相同，但它们均可总结为一个概括的概念：势。上述例子中的"势"产生于水流从其上流下的高度。

在日常用语中，"势"这个词常用来描述尚未耗尽的潜能；在各门科学中，"势"则普遍用作运动或发展能力的量度。

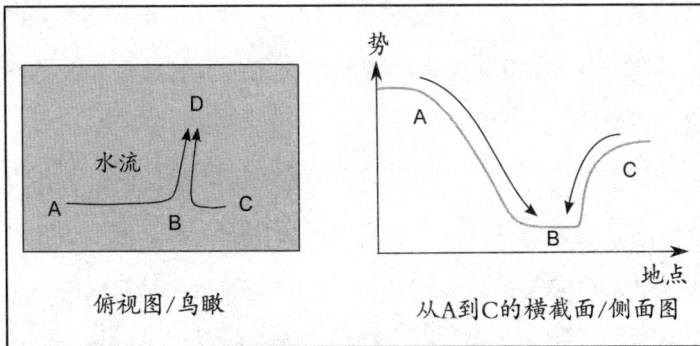

图15：往往只有当能够明确辨认作为基础的"势"的差异时，引起运动的原因才清晰可见。

因此，引起运动的"势差"越大，运动强度便越大。这样的"势差"在不同的知识领域都可见到，分别具有专门的名称。例如在电流中称为电压，风动中称为压差，劳动力迁移中称为收入差。在本文中，"势"这个概念会保持使用，因为我们希望用尽可能少的概念与定理描述和理解尽可能多的现象。

但是，仅仅"势差"本身还不能决定某一运动的强度，由上图可见，运动强度还取决于曲线的陡峭度，它决定了本质的、重要的运动发生在何处。在此我们可以再次想象水流的走势，在短距离内需要跨越的高度差异最大的地方，推动力也最强，也是在评估或控制运动时要考虑的地方。

然而，某一运动进程的总效果确实仅取决于引起该运动的"势差"，无论在过程中忽急忽缓，还是在各个阶段均匀发展，最终都是一样的。

"流"是很多组成部分的定向运动。"流的强度"表明在特定时间单位内经过某一处的数量。例如：某账户每月转入3000欧元，或每分钟有6万立方米的俄罗斯天然气通过波罗的海的海底管道到达德国。

"流的强度"与"势差"即"流"的成因成正比。在电气工程学中，这两者的线性相关称为欧姆定律。在其他知识领域，这种关联未必总是拥有专用名称，但它们的结构是相同的："原因"越强，"效果"也越强。因而"流"的过程可以量化描述，作用和效果可以评估，也可以对其进行预测。

我们不仅能够理解"流"因何改变，或者为何流向不同的方向，通过转换视角，我们甚至可以辨认反向的"流"，并以此获得新认知。例如当人们从基础设施贫瘠的地区迁往繁荣的、人口密集的区域时，可以跟踪他们的迁移与发展，但也会看到他们离开留下的空位。这时，我们应该追问，这些空位应如何被"填补"并会产生什么影响。例如，我们还可以追踪观测管道内水的运动或是由水流引起的气泡的反方向运动。

然而，无中不能生有——这个说法自然也适用于"流"。因此我们应追问，"流"的源头在哪里，推动力是什么，将流向何方。一旦"势差"消失，"流"也会停滞。一方面，可以利用这一点来制止负面发展；另一方面，也须确保有益的运动不会停止。例如，如果想使某一循环总是处于运转之中，就必须维持"势差"，所以如果想使用蓄电池，就必须不断为其充电。

"流"内部也具有统计学的成分。人潮流动和交通流动中就很明显：尽管每个人或多或少都可以按照自己的意愿行事，个体行为者之间也会相互影响，但整体上还是会形成定向运动，比如早上大多数汽车都驶向市中心，而晚上则相反。

在需要时，我们可以也必须将不同的"流"进行相互抵消计算：添加了什么，流失了什么？在做这样的"收支平衡表"时，自然也应注意可比性。如果成千上万的高素质学者因为在其他地方工作与生活条件更好而离开他们的祖国，那么即使同样有成千上万的无专业技能的辅助劳动力流入这个国家，也不足以弥补该国的人才流失。因此，流动重要的不仅是数字，更是与之相关的"单位"。

复杂的流动关系用流程图，即使用作图法，能得到最好的展示。箭头的粗细可以按比例表达流的强度，不同的颜色或模式可表示不同质的"流"，这样我们一眼看去便能直觉评估各种关系。

练习

练习35：睁大双眼，找一找周围环境中有多少"流"与循环。

练习36：当识别出"流"时，尝试去发现与其流向相反的"流"。

场——冯塔纳的名言与物理学

"太广阔的领域"通过冯塔纳[1]成为德语中的一句流行语——当谈论一件涉及面广阔而复杂的事物时，人们会借用这句话来描述。

在物理学中，"场"描述的是某物理量在空间上的分布情况。例如，我们在某一地区内四处行走，测量某些点的海拔高度，并将测得的值输入图表——用这种方法，可以绘制描述该地区海拔高度分布的地图。

通过将相同高度值的点用所谓的等势线连接起来，一个"场"可以得到更为直观的描述，图16便是这样一幅图解。物体在这个场内的移动将总是"向下"且移动方向总是与等势线垂直。等势线之间的间距越小，在此处的作用力便越强。

---

[1]　亨利·特奥多尔·冯塔纳（1819—1898）是19世纪德国杰出的现实主义作家。《艾菲·布里斯特》（1895）是其代表作之一，描述了贵族小姐艾菲·布里斯特的婚姻悲剧，书中艾菲的父亲总是用"太广阔的领域"［Ein（zu）weites Feld］回避令他为难的问题，小说也以这句话结尾。德语单词das Feld，意为田地、旷野、场地、区域、范围等，物理学上的意义为"场"。

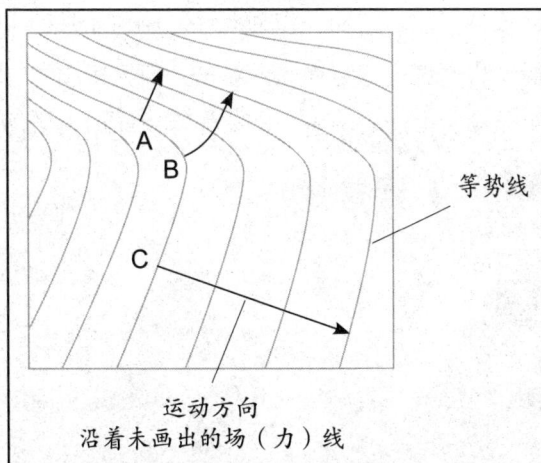

图16：一个不均匀的场，其内具有相同"势"的点用线连接，并用箭头标记可能的运动方向。

"场"这一概念不仅能协助我们理解和表示力的作用方向，而且可以描述在平面上或空间内的作用力。在上图中标记了具有相同的"势"的三个位置——A、B和C，而从这三处开始的运动，速度不同，运动方向也不同。为了更直观，我们通常会画出所谓的场（力）线，而不是等势线。场（力）线会标明作用力的方向，并以此描述其引起的运动。

"力场"决定了运动发生的地点、方向及整体进展的速度。这种观察和思考方式，也可广泛应用。因此，"场"不仅在物理学中极为有用，在事物发展之处也均可使用。所以，当有什么事情发生时，我们有时会说"张力场"。

如果观察四周环境，我们将发现日常生活中有形形色色的势的分布——即"场"：从气象地图上的高压、低压区到各个地区的犯罪统计数据展示。"场"作为概念的应用非常广，甚至连世界上最小的结构好像也不是稳固的粒子，而是微小的"场"。但在此我们不能深入探究这个有趣的方向，只能引用"这是一个太广阔的领域了"[①]与冯塔纳告别。

练习

练习37：在周围环境中寻找"力场"，并在脑海中想象它们。

练习38：绘制图表来表达"力场"，以辨认发展的走向。

---

① 此处呼应冯塔纳的小说《艾菲·布里斯特》的结尾。——译者注。

振动与波——世界的节奏

在日常生活中，我们常见到周期性的发展过程，在这些过程中，事物会有规律地反复出现：日夜交替、四季轮回、经济周期、我们的心跳、机器的震动、钟表的滴答作响，等等。

上述所有以及许多其他的进程都可用"振动"这一概念来概括。在函数及其相应曲线模式一章中，已提到此类进程可用正弦函数来描述，我们不仅能够以此来理解、记录自己的感官所感知到的现象，这种模型还远远超出我们的感官的感知范围，从而能够超越我们的经验。

振动可以传递，因而可以扩散，此时我们便得到了"波"。吉他弦被拨动而产生的震动随空气传播，作为声波传入我们耳朵里。如果在宇宙的某处有两个黑洞周期性地相互环绕并最终融合，我们的空间内将充满引力波。

当我们在大海中游泳并被海浪举起时，就能感受到这种现象的力量。通过振动状态的传递，波可以传递能量，产生让物体运动的能力。

阳光每一秒大约振动100万亿次，这就是为什么我们站在阳光下会感到温暖。神奇的光波使我们躯体的粒子震动。阳光能量中的极小一部分以这种机制传递给我们。我们仅仅需要开动想象就可以解决人类很多曾经的大谜团：一切是如何振动并相互连接起来的。

但是，在前两章我们不是将光描述为射线吗？怎么现在光又成了波呢？什么才是正确的？这完全取决于我们想利用模型来解释什么。为了使光的传播容易计算，射线便是我们较为有利的设想；如果要解释颜色与能量现象，我们则需要将光理解为波。

概括地说，对于同一事物，完全可能存在各种不同的模型与解释，这当然不仅局限于物理学。通过转换视角法我们已经明白，在不同条件下，对事物的认知与解释会因为不同的侧重点而大相径庭。

练习

练习39：尝试辨认你周围到处都在发生的振动。

量子——跃往不可思议

虽然我们的日常生活中没有可直接与量子相对比的事物，但量子物理学带来了一种对现实的全新观察与理解，也被应用在物理学之外。事实证明，我们认识世界的可能性，并不像长久以来所认为和企盼的那样。在某些情境下，严密的、经过验证的概念会丧失意义，比如"客观"与"主观"，"是"或"否"，多义性、不确定性及不可判定性成了我们判断情境时的常态。

这与日常世界中的事物关系相似，因而也从不缺乏非物理学家尝试将量子物理学的认识应用到他们的专业领域，这些尝试的范围从管理人员研讨会，到新思维方式指导，再到对这个世界状况的普遍思考。在此过程中，有时会出现具有创意的理念、方法，但有时也会产生错误的推论，而这通常开始于完全错误地使用备受青睐的概念"量子跃迁"——人们使用这个术语，自以为在描述某种革命性的发展，但他们不知道，"量子跃迁"本来代表的是一个系统可以经历的可能的最小的改变。在这个概念上，真正革命性的"改变"在于一个事实——这个"量子跃迁"本来是不可想象的。可以使系统从一种状态转换为另一种状态的、不可分割的最小份能量，在1900年被马克斯·普朗克称呼为量子，几年后，这种跳跃性的微小转变被命名为"量子跃迁"。

因此，在日常生活中借用物理学事实与专业概念时，我们必须谨慎。"听起来不错"的事物，不一定正确。当然，即使如此，各知识领域不应彼此分离隔绝对待，相互批判地吸收经验、概念及方法才是理所应当的。

量子物理学向我们表明，已得到千万次证实的设想和思维工具有时会突然不足以解释所观察之事。例如，在普朗克提出新的设想前，人们对光的产生和消失一直没有具体的了解。经过长时间的努力，普朗克发现：显然只有通过假设与既往经验相矛盾的事物，才能够解决问题。

大自然的发展中没有"跃迁"，在前后两个状态之间总是存在着任意多的"中间状态"。但当普朗克假设在"此"与"彼"之间没有连续连接时，人们惊讶地发现了解决问题的新的可能性。

现在可能有人会想，只是在这个极其特殊的情况下，一个不切实际的假设会带来某种解决方法。但是，普朗克的发现后来被证实为一项基础的原则，我们的整个世界都是遵循这个原则构建的。

所谓的"常识"，不过是我们在相对正常的情况下积累的经验。当情况剧烈改变时，过去熟悉的事实、规则和概念不一定依然适用。

我们每个人都可能会有这样的经历，熟悉的旧事物一夜之间消失，于是我们突然间必须适应完全不同的事物。但我们已在遗传学方法中了解，即使最新的事物也蕴含着旧因素，我们只需学习，并做好将两者联系起来的准备。

在物理学中，旧的、经过检验的理论不会就这样被抛弃，而是会作为特例保存在新设想中。所以我们应将新思想和见解看作对旧想法的补充，但在此须注意在何处应用。有时候，革命者（在此并不特指物理学中的）如此坚定地信仰自己的理念，以至于要摒弃旧思想。正如历史所示，这种做法虽然可以促进发展，有时甚至引起颠覆，但最终旧思想至少仍被应用在它依然可奏效之处——没有这样做的时候，总会出差错。在日常生活中我们也应考虑到这一点。

练习

练习40：想一想，在最近一段时间内（在日常生活中、在政治领域等），是否发生了自己之前一直认为不可能或不可想象之事。

练习41：请思考，在练习40中所发生的事件怎样改变了自己对事物的基本看法。如果未发觉思想上的改变，可能意味着世界观还不够全面。

第五章

便于理解发展的概念

力——沿山而上还是随溪而下？

是什么推动了发展？我们可以把每一种发展都视为运动，如果运动状态发生了改变，都是因为力在起作用。如在"流"与"场"两个章节所示，我们可以通过"势"的变化来解释力的形成，落差坡度最陡峭的地方，力最大。

简单起见，我们想象一个位于斜坡上的小球（参见图17，A点）。一个用箭头表示的力，带动它向下。当小球穿过谷底后，它不能在对面的斜坡上任意上升，因为随着"势"的升高，会将它拉回的相应反作用力也开始起作用。

在最低点B，既没下降也没上升。如果把小球放置于此，在没有外部影响时，它将保持静止，即它将处于平衡。然而，只要受到些许微弱干扰，它就会规律地来回移动。因此，我们常借助这种在平衡位置附近的趋势线来解释上文提及的振动现象。当然，尽管存在可能的振动，但只要力与反作用力相互抵消，各种关系还是会保持稳定。

在势的峰顶C点，虽然运动也可能停止，但只需极微弱的影响，便可打破系统的这种不稳定平衡，将其推向不可逆转的一方或另一方的发展。平衡的第三种可能是当势达到一种长远的稳定时（D），此时什么都不会发生，发展停滞——尽管势并不为零。这是最无聊的情况。

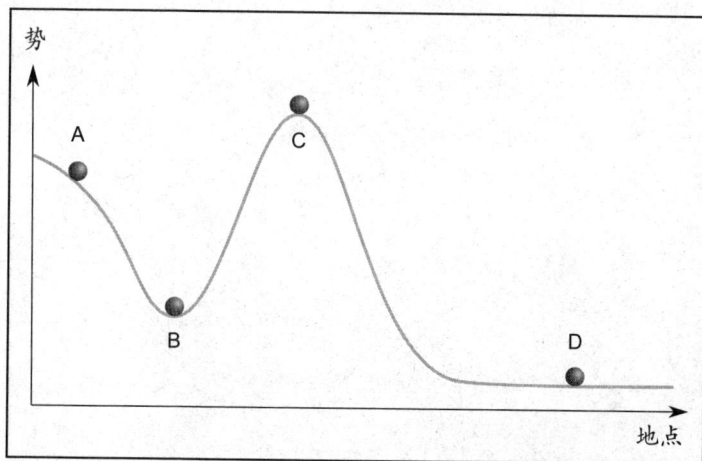

图17：取决于势曲线的可能状态。

如果我们希望发生改变，则应到位于趋势线中呈下降趋势的一处。如果位于一个稳定的势谷底，则需先"翻越比邻的山"，那么相应的外部影响必须足够大。但是，我们也可以改变（势）条件，使运动能够成为可能。在形象的想象中，可假设将丘陵拉平或建设隧道。在具体的事实情况下如何实现，取决于已定的现实条件。"障碍"的性质自然可能千差万别，但"克服障碍的原则"处处适用。

即使在行动时有特定目标，我们依然可以想象是由一个力引起了通往此处的运动。但其他人可能在同一事件上追求不同的目标，假设该目标处于与我们的目标相反的方向，那此时的情景便可看作一种拔河比赛［见18（a）］。

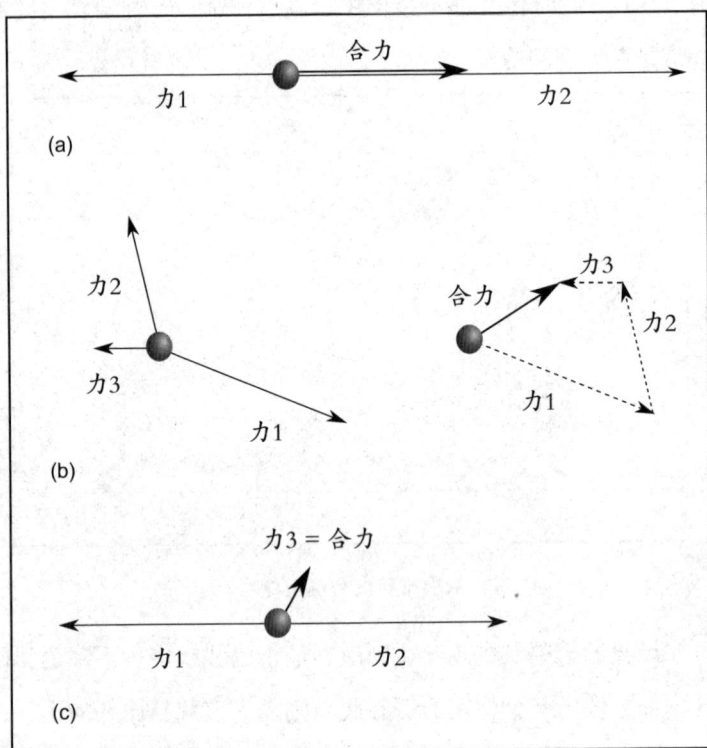

图18：几个力的合并，以箭头的相加来展示。

  如果两个力一样大——即表示两个力的箭头一样长时，它们会相互抵消，便不会有任何移动。因此，能够发起更大的力的一方会获胜。我们在想象中将两个箭头叠加在一起：将一个箭头的起点放置在另一个的尖端上，叠加后的差异——即图示中上面凸显的部分，便是起共同作用的力，它决定了运动方向。

  以上方法可以应用于描述几个力共同作用时的情景。例如，我们观看各自以不同的力追求不同目标的利益集团［图

（b）]：发展将走向何方呢？如在简单的拔河比赛中，我们只需将各个力相加计算。数学上有计算这种力的规则，但此处简单、直观的几何方法已足够，它能将同时作用的力的结果展现给我们，并能获得与（抽象）计算一样的结果：任意取一个箭头，将第二个箭头平移至其尖端，然后再将第三个箭头平移至第二个的尖端，此时始于第一个箭头的起点、终于第三个箭头的尖端所表示的便是三个力的合力——即合成矢量。箭头的排列顺序并不重要，总会得到相同的结果。这种方法自然并不局限于三个力的计算，而是可以扩展到任意多数量的力上。最终，运动总是以所谓的"合成矢量"的方向和强度进行。

复杂的运动与发展并不总能以这样的类推来量化表达与理解。但是，为了解释和使事实清晰，这种观察/思考方式总是可用的。这样便可以理解，为什么两个强大的力量未必能决定发展的方向，在某些情况下，弱小的第三方确定了方向。因此，举例来说，如果在一场多个强大游说团体的权力博弈中，反而是一个弱小的团体实现了他们的目标，这并不奇怪。

各个力之间的关系以及从中产生的运动可以借助作图法来观察和讨论，但需注意，以上所描述的处理方法以静力学条件为基础，但力场从来不是完全均质、稳定不变的。力的方向和强度会随着时间而改变，还要考虑可能会出现全新的其他力。所以，除了对于现状的参数描述以外，我们还需了解时间发展的信息——这与现状信息同样重要。

练习

练习42：形象、视觉化地将事物发展想象为不同的力同时作用的结果。

练习43：借助箭头勾画各个力的比例与关系（例如政治领域的），并借此推测未来的发展。

速度、加速度、动量——真正开始之处

如果想描述变化的特征，只是比较之后与之前的状态是不够的，变化发生的时间也很重要。例如，当我们驾车行驶一段路程时，可以用总路程除以所用时间算得平均"速度"。"速度"这个概念可描述任意状态在一段时间内的改变。通过将某一值在两个不同时间点的具体数值相减，可以计算变化，也就是"差异"。

图19（a）展示了某一值随时间的发展而变化，它可以是一段已行驶的路程，也可以是价格、销售额、居民人数、流的强度或任意其他值的发展。

这样的发展曲线可能是因为受到哪些影响呢？为了更容易回答这个问题，我们在此首先使用分解法，将曲线分为特征明显的几段：在A阶段，值的增长是非线性的；在接下来的B段，则为线性发展；在C段，值依然在随着时间而增长，但已不像在B段增长得那么快；在C与D的连接处，值的大小不再变化，随后甚至开始减小。

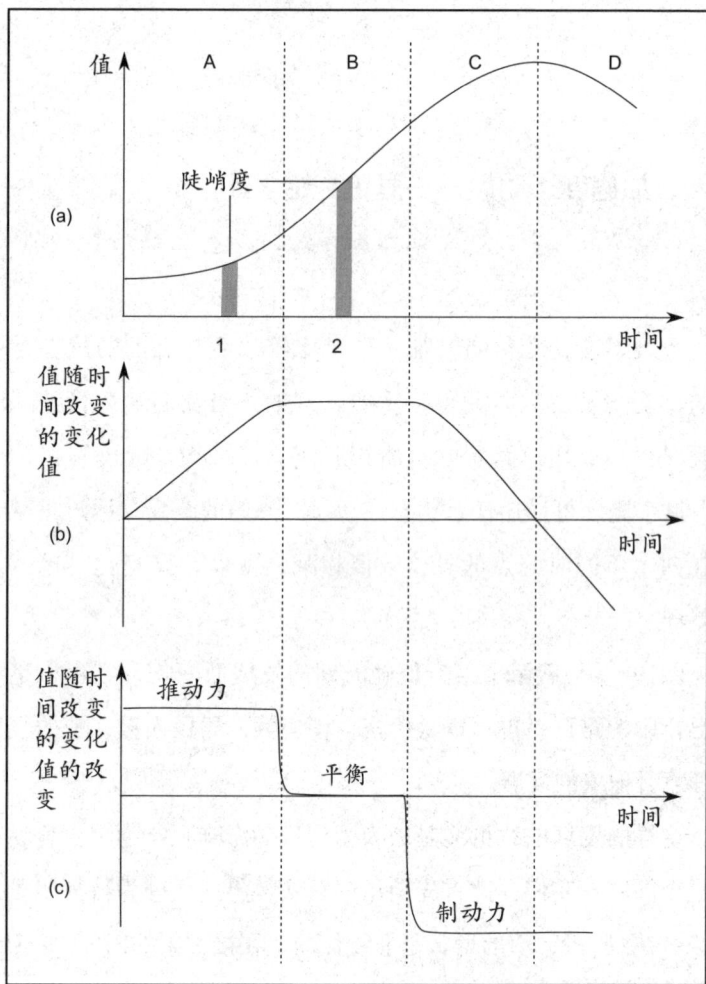

图19：某一值随时间的发展，以及与之相关的速度。

曲线越陡峭，状态改变的速度便越大，所以图19（a）中时间点1的速度小于时间点2。如果在每个时间点通过曲线的陡峭度来计算和展示速度，则会得到如图19（b）所示的完全不同的图

表：速度先是随着时间线性增加（A阶段），然后保持稳定不变（B阶段），接着又开始变小（C段），降低为零，甚至开始变为负数（D段），这时值的发展方向甚至开始转变。那么，现在可能有人会问，使用这样的图示有什么收获？

如果我们只是观察值本身随时间的发展，其原因和关联并不总是明显的。但是，如果观察"值的改变量"的时间变化关系，在某些情况下，隐蔽发生作用的影响便会清晰显现。而且，"弯曲"的曲线，在这种观察下会"变直"，也就更容易预测和评估所展现的变化过程。

现在再进一步，通过"值的变化速度曲线"的陡峭度来研究原始值的"改变值的改变"——物理学家将这种速度的变化称为"加速度"。我们在日常生活中也能体验这一概念，例如速度正在加快的汽车。在研究"加速度"时，图示曲线一般会再一次被拉直［见图（c）］，在上图的示例中，基本仅还有几个水平的"阶梯"。在一个"正常"运动中，图19（c）所示的曲线，最初阶段代表着一个恒定作用的推动力，速度通过它持续增加。然后出现了第二个力，其作用与第一个力相反，两力相互抵消，速度不再变化，即加速度为零，此时存在一种平衡。最终，反作用力加强，发展停滞甚至逆转，也就是说，C阶段与D阶段的发展具有相同的原因。这种分析和"图示"适用于多种发展。

当看到一个展示时间变化的图解时，我们应该追问，它代表的到底是什么：一个值，还是这个值的变化？因为不同的利益团体在此可以作弊，他们只需选择能达到自己预期效果的展示方式。

为了再次说明速度、加速度与力的关联，我们来看看奠定经典力学基础的著名的"牛顿三大定律"，它们可以形象地应用到很多事实之上：

1. 惯性定律：只要没有受到起作用的外力迫使其改变状态，物体总是保持静止或匀速直线运动。

只要没有力产生作用，便什么都不会改变，一切会如以往一样继续。如果作用力相互抵消，一切也保持不变。

2. 运动的改变，即速度的改变，与形成运动的力的作用成比例关系。

一个力越强，其产生的作用也越大。力的作用可能是加速，也可能是制动减速，其作用方向也可以改变。通过这一事实，我们也可以理解或定义，到底什么是"力"。

3. 作用力与反作用力定律：如果物体A向物体B施力，则物体B会向物体A施加同样大小、但方向相反的力。

让某物体加速时，必须考虑反作用力。当我们推某样物体时，一个力会在被推物体上起作用，但我们也会感到一个反抗、抵消我们推力的力，它的大小与推力相同。大家肯定都有过这样的体验。

当观察运动时，重要的不仅是速度，还必须考量"多少"物体被移动了。对此，物理学中引入了概念"动量"（德语impuls，源于拉丁语impellere = 打入、推动、引起）。通过将物体的速度与质量结合起来，"动量"这个概念从某种意义上描述了"运动的量"。令人惊讶的是事实表明：在一个封闭系统中，动量永远保持不变，无论发生了什么。

想象一个物体（一辆汽车、一个电子等）碰撞到另一物体上，并以此将它的运动传递出去。被撞物体越轻（质量越小），其运动的速度便越快；相反，如果被撞物体很重，其通过碰撞引起的运动将非常缓慢，或者甚至完全不动。

如果扩展以上观察，将"日常事务的动量"理解为引起一种运动或发展的动力，也会得到与上文所述非常相似的关系。如果想用自己所具备的力量推动某物体"运动"，必须清楚可以实现什么：太多，但比较缓慢；或太少，但相对较快。

此时，读者中可能会有人反对："也存在一些事半功倍的情形，仅用很少的努力就很快改变了很多！"是会这样。因为，我们所处于的"场"或确切地说，我们所处于的"势曲线"很重要。在关于力的章节中已提及，在不稳定的平衡状态下，即在"势曲线"的波峰时，只需一个微弱的推动（= 动量），便可引起快速的运动。

因此，为了解释这样的效应，除了"力"与"动量"外，还需要一个值，那便是我们在日常生活中也熟悉的"能量"。

练习

　　练习44：面对数字时，不仅应留意数值的改变，还要关注改变的速度。

　　练习45：面对一个显示随时间推移的发展图表时，想象展现数值随时间改变（即速度）的图表会是什么样的，这对该事物的判断又有什么影响？

能量——力的光明与阴暗面

谁不曾在儿童时代有过美好想象，仅靠意愿就能让事情发生。但不论我们如何努力，想通过凝视让很小的球体移动，结果只能是枉然。因而，诸如《星球大战》（*Star Wars*）之类的故事更让人们着迷——其中的英雄仅仅通过集中思想就能制造"力场"或影响他人。当然这一切都是科幻小说和电影的虚构，没有一点征兆证明这种能力可能存在。

尽管如此，我们还是认识到了肉眼不可见、但真实存在的力场及它们的作用：例如在地球的重力场中，所有物体都会向下掉落；而在磁场中，金属零件会被吸引。在这样的场中存在着移动物体的能力，用以理解和量化表述这种特性的值，被称为能量（德语：energie，源于古希腊语，en = 内在，ergon = 作用）。

在地球物质能量的大循环中，能量作为世界的推动剂起着作用，并且根据我们今天的认识是"不可毁灭"的。在此关联下，物理学家提出"能量守恒定律"。我们可以通过将其转化为所需要的形式来利用能量。例如，我们想象众山之间有一道蓄水大坝：水在那里"储存"了能量，这种能量随着水奔涌而下转化为动能，并在此过程中推动连接着发电机的涡轮——此时动能转化为电能，电能通过电缆传输给"消费者"并最终在那里以所需要的能量形式被使用：作为光、热或运动。

当水流下来，电能"被消费"后，好像一切就完毕了，通常仅剩下一些不可用的热能。为了使能量转化循环可再次从头开始，必须补充新的能量——比如通过太阳的热效应。如果这是可能的，我们便可称之为可再生能量。

由于内部损耗，所有的能量转化循环必须受到"外部"驱动。永远运转的机器，即所谓的"永动机"（拉丁语perpetuum mobile，意为"永远自己运动的"）是不存在的。

我们对能量的思考，可以扩展应用到很多情况上，只要它们有哪怕最广义上的运动和改变发生。所以，任何发展都需要一个"能量来源"，例如由"势差"产生的运动或改变。"不用外力辅助、自行运转者"是不存在的。如果想启动或影响发展，只能使用可用的（能量）储备，计算收支也就不可避免：我们拥有什么？想要什么？可以承担得起什么？"先开始，然后再看可以从哪里获得燃料。"按此格言草率行事，只能获得非常有限的成功。当随着时间推移，储备用尽时，我们便只能拆东墙补西墙，因为短缺总是存在的！

物理学的能量永恒定律教育我们如何精打细算、勤俭持家。尽管可以短期"欠债"，但某一时刻，我们（或我们的后代）终归要结清一切账目！

练习

练习46：具体想象一下，现实世界的所有过程原则上都与能量转化有关。

练习47：面对日常生活中的发展变化时，追问驱动一切的能量的来源。请考虑，如果这种能量不再可用，会发生什么及应该如何应对。

效率——不积跬步，无以至千里

在每一个能量转化过程中，我们获得的可用能量都会比最初投入的少一些。因为有造成损耗的摩擦，"流"并不总是流到所需要的地方。可用能量与投入能量的比例称为"效率"（德语 wirkungsgrad，与英语接近的"新德语"effizienz）。"效率"总是小于1，即不是100%，因为或多或少总有能量损失。

效率可以概括定义为所有活动的收益与付出比，它是计算为达到目标一共需要付出多少的直观度量。例如，如果一位写书的作者每天都能完成总目标的10%，那么他10天能把书写完。如果他的效率可以提高到20%，则只需一半时间。但是，与所有写出来便能直接印刷出版的作者相比，他必须清楚，他要付出5倍的努力，也就是需要5倍的时间。

机构、公司甚至整个社会也必须考虑"效率"问题，不仅指经济参数，尽管在公共讨论中它越来越占据主导地位。一般来说，复杂性的增加对效率起着负面作用。因此在优化流程时我们应注意揭露本质、去除一切冗余，但仍需考虑，这些优化流程本身也只是具有一定的效率……

但是，我们不应只关注"收益"。定位、辨别浪费与损失也同样重要。因此，不仅"多少"很重要，"什么"也同样需要注意。在一个数字衡量一切的世界里，人们容易忽视"质"，因为"质"并不总能被正确理解和记录，但物理学对此也找到了衡量标准。

> **练习**
>
> 　　练习48：从效率方面观察流程，考虑如何在非技术领域定义效率。
>
> 　　练习49：考虑如何提高与自己工作和生产有关的效率。

莎士比亚悲剧——熵增定律

当所有能量转化为可用或不可用的能量后，一次性的进程便不再运作，这时好像一切都"静止"了。换句话说，就是不再发展出任何新事物。在话剧院或电影院，故事有了圆满结局，或是以悲剧结束，我们便可以起身回家。但在现实世界中，故事仍在继续，所以在一切行动中我们都应牢记这一点。

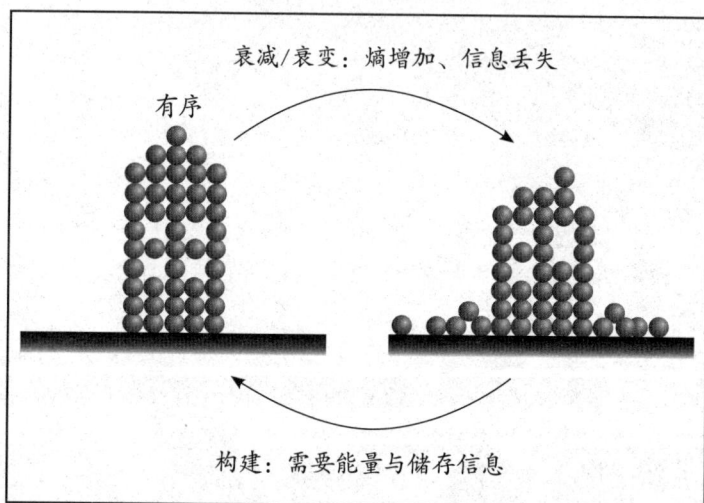

图20：在构建结构时，需要能量并储存信息。在衰减时，信息会丢失，如果没有外界影响，发展就不可能逆转。

如果要抵制停滞并建构新事物（一栋房子、一套设备、一件艺术品或一个机构等），必须"工作"，即投入能量。这并不只是需要来回传送某些事物，而是必须通过整理布置原本相互无序的事物，创造出新结构。各组成部分以某种特定方式组合成一个整体，新产生的特质凸显在"信息"的增长上——这在分解法一节中已提及。

如果我们将新构建的事物留给"时间的齿轮"，它将再次衰变（参见图20），这样的过程是"自发"产生的，各组成部分在此过程中失去耦合，从而丧失所储存的信息。在这之后，它们不可能再与原来一模一样地重新组合起来。因为，这些组成部分又从何知晓它们曾经是以怎样的方式组合在一起的呢？

因此，如果没有一只整理的、调控的手从事物外部进行干预，一切会逐渐分崩离析，进入越来越无序的状态，这是一个根本的自然规律。

"熵"这个概念可以用作"无序的度量"。例如，以此可以确定时间流逝的方向。如果没有外部的影响，熵即无序，会一直增加。这一定律首先在热力学中得以量化表述。当时科学已证实，热能不过是构成我们这个世界的粒子的动能。例如，如果左侧热、右侧冷，那么粒子在某种方式上是分布有序的，左侧是快速运动的，右侧是慢的。通过与慢速粒子的碰撞，快速粒子逐渐释放其部分能量，于是最终所有粒子平均具有相同的能量。热平衡的过程就此结束，原有的秩序丧失。

我们脑子里如果构建这样的画面，便可以解释很多过程：从儿童房的混乱，到牛奶与咖啡的混合。当然，我们也要注意，不可过分地简化所思考的场景。

尽管有这样的趋势，地球上依然发展出了极其复杂的结构，但这仅仅是因为太阳在不断向我们输送高质量的能量才使一切成为可能。通过转化为可用的能量形式，如运动或食物，我们可以很好地使用太阳能量的一部分。但是剩余的热量绝大部分是不可用的，在某种意义上，那是一种高熵——无序且低质量的能量。

然而，我们通常表现得好像这一切并不悲惨。我们思考的时间期限太短，一再重复同样的错误，认为总能得到足够的能量供给！燃料、能源只要还有，我们就放肆地烧掉，植物和动物在亿万年来形成的燃料，我们使用起来毫无顾忌。除了消耗地球的能源储备外，我们还留下了大量热能形式的、不可用的"能量垃圾"，它们带来了难以应对的气候变化。真正的垃圾（也是一种无序的形式）会成为我们的难题，而且到处都有这样问题：我们过快地忘记了"质"，即有序的衡量，以及重建"质"所需的能量。

练习

练习50：观察周围，衰变及贬值规律随处可见。

练习51：考虑需要使用多少哪种能量，才可以抵制所观察到的衰变进程。

第六章

有助于理解复杂事物的概念

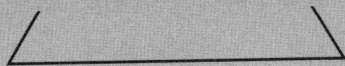

开放系统与封闭系统——往返出入之物

我们在本书中已经了解，孤立观察某一事物往往是不够的，因为很多事物或进程相互作用、相互影响。为了在面对如此的多样性与复杂性时不完全失去概况，当各因素相互作用、影响或彼此相关时，我们经常可以将几种事物综合为一个整体——并称这种"整体"为"系统"。

不论系统是什么类型的，一些规律总能生效，并有相应的理论可以总结、表达它们。无论系统是一个单独的细胞、生物、电子仪器、公司、国家或我们的地球，这些规律和理论都适用。

早在1950年前后，这种系统理论的基础便由奥地利生物学家——路德维希·冯·贝塔朗菲奠定，并从此不断发展。为了更好地应对世界的复杂性，在本书已提及的物理学概念的基础上，本章将阐释"系统"这一跨学科理论体系的一些基本特征。

如在关于流、能量及熵的章节中所述，对于系统我们必须始终关注从外部引进了什么，又向外部输出了什么。尽管外部因素也会影响内部系统，但为了简单起见，我们在观察中还是经常忽略外因，即将系统视为理想的、封闭的。但不难想象，这样一个孤立隔绝的整体必然无法长期运转，因为它内部的资源迟早会被用完或耗尽。

　　系统必须或多或少保持开放，不然难以长期运转。不过一大问题依然存在：系统的输入和输出分别是什么？在物理实验室中，这一问题相对容易探究，因为研究人员几乎可以随意调节物质与能量的供给或屏蔽其他的场，因而能轻松研究出什么对系统有益，什么对系统无益。但在经济或社会学系统中，做决定便难多了——尤其输入、输出的"流"常是非物质的，比如货币流或信息流，它们在系统中与交通流或迁移群体流同样重要。

　　在评定系统的运转方式时，一个非常重要的值是平衡（在关于力的章节中已使用该概念）。当某一系统与其周围环境（即一个更大的系统）之间的"流"交换结果接近于零时，势"差异"会因此而相互均衡，该系统便处于与其环境的平衡中。如果外界不施加影响，任系统自行发展，它们将总是向这样一种平衡发展。例如，当某一物体受到短暂加热，它与四周环境的热平衡因此而打破后，这一物体将一直释放能量，直至它再次恢复到与周围环境等温的状态。这样的状态是稳定的，在数学上很好描述，但也是无聊的，因为没有任何"新事物"发生。

　　当有不少"流"大量输入与输出，系统内部因此活跃从而发生什么时，情况才明显更加有趣。我们来想象一座位于沿着山坡流下的小溪旁的水车磨坊，并在脑海中描绘出趋势线：一眼看去，流入水车的水和流出的一样多，但这究竟是在推动水车转动呢。这种一切平静、均匀运转的状态，称为"稳定"。

　　水量没有减少，没有任何消失，但能量变化则需仔细观察，因为水车将水的一部分动能"截流"了，并将其转变为磨石转动的动能。

此原理并不仅局限于力学机器，它甚至能解释地球上的万物进化——我们真的可以用某种磨坊来比喻进化论。我们从（炎热的）太阳中获得大量的高质能量，地球因此而升温到舒适的温度。地球再向（寒冷的）宇宙中释放出与其之前接收的差不多等量的能量，而这部分能量却没有原来那么高，因为它们不再是可用的。在这些能量转换的过程中，一部分能量得到了利用，建造了结构，并以此推动了万物的进化。通过太阳的热辐射，我们也引进了熵（代表了无序的度量），但地球较冷的辐射释放出了更多的熵——也就是说，在总量上，我们输出的"无序"多于我们所接收的"无序"。在净量上，"有序"有所剩余。在此关联下，我们便可以想象生命起源和繁衍的演化过程。

使用这种观察和思考方法时，我们是在很宽泛、概括地看待事物，个体进程未得到详细解释。当然局部完全可能发生逆向的发展：除了进化与发展，地球上还有衰败与消退。但我们想要做的是在大关联中发现具体的、日常的事物，并最终理解、解释事物的复杂性和多样性。

> **练习**
>
> 练习52：尝试辨别正与其他系统发生交换的系统。该系统的输入与输出是什么？如果其交换受到干扰，会发生什么？

自组织——交通堵塞、振动及"老佛爷"①的创造

结构不仅是通过有意识的、根据计划的建设创造出来的，也可以无明确影响地自发产生。这种情况下，系统必须处于非平衡状态，在"势"的示意图中，这将是一个尽可能陡的斜面，并且有推动的力在其上起作用。此外，系统的各因素还必须处于相互影响当中。

例如，当数辆汽车相距甚远地在一条马路上行驶时，某辆汽车的短暂刹车不会对整个车流造成什么影响。因为当后车撞到刹车的车辆前，前车已经恢复原来的速度开远了。两车之间的距离减小了些许，但它们之间没有产生相互影响。不过，随着车辆密度的增加，各车辆之间的距离都变小了，当某车刹车时，不仅紧随其后的车要迅速做出反应并刹车，后面的车也必须减速。每次刹车和随后的提速都会造成一个小的时延，这些时延会积累为较长时间的延迟。车流内的车辆越多，车辆之间的间距越小，这种时延效果便越强烈——于是，仅因为第一辆车短暂刹了一下车，后面的车便有可能需要等很久才能刹车。小的波动总是可能发生的，例如有人需要换车道或在转弯前减速，当达到一定的交通流

---

① 卡尔·拉格斐（1933—2019），德国著名服装设计师。人们称他为"时装界的恺撒大帝"或是"老佛爷"。——译者注

量时，堵车便不可避免地"凭空"产生了。

尽管交通堵塞不是什么吸引人的结构，但它向我们清晰展示了当许多元素相互影响时可能发生什么。没有人希望堵车，人人都在尽力避免——但它还是会发生。

当然，不仅存在"负效应"的结构，也存在有益结构，例如激光。当能量输入达到一定级别后，光的质量会发生改变，光波不再相互分散开地振动，而会产生共振。

前文已提及的积极正面的"协同效应"以及通过"涌现"过程出现的新特质和模式也属于自发形成的结构。对于我们来说，重要的是认识到在什么相互作用的条件下，各单独组成因素会自发形成结构——无论是空气分子、光量子、汽车、生物、人，还是思想。

这不是新认识，早在1790年，伊曼努尔·康德就已在他的《判断力批判》中引进了"自组织"这一概念。弗里德里希·谢林吸取了这一思想，并将其发展为全面的"动态自然哲学"——20世纪很多自然科学家和数学家以此为基础，在不同领域发展、创新了"自组织"理论。比如在企业经济学、社会学及教育学中，"自组织"这一概念得到了各具特色的应用。

甚至灵感也可以看作是思想的自发形成结构——无论是新时装的创造，还是科学理论的见解。甚至，自组织的过程常常不会被其他有意识的、从外界强迫的过程代替。例如，在半导体技术中，为了制造可作为激光的基础的所谓"量子点"，人们艰辛尝试多年却无突破。每一个单独的、具体的科技步骤都已被掌握，但总无法达到整体的成功，直到原子可以自组织成结构的条件被创造出，这个目标才得以达成。

通过明确"结构形成"的前提条件，可以控制和利用这种自组织。我们应当在自己的环境中创造可促进所盼进程的条件，或避免某些条件形成，以防止不希望的进程发生。但是，在这些过程中，我们不可以违背自然规律，不能在"错误"的边界条件下期待"正面"发展。所以，我们不能随便将一些事物"聚集"在一起，然后就满怀对自组织的信心，坐等一个美妙的结构或某一问题的解决方法出现。

另一方面，人们也很难对抗已在发展的进程。因此，我们应当尽早认识到什么可行，什么不可行。接下来，我们会介绍和分析在许多复杂结构上出现的现象。

练习

练习53：在四周环境中寻找自组织的进程。

练习54：寻找似乎凭空产生的思想的根源。

相变——复杂且令人困惑惊讶

如果系统含有很多组成部分或系统的构造复杂，不会自动形成结构——不论是我们期盼出现的，还是不希望发生的，只要各组成部分之间的相互作用为比较弱的线性关系，通常便不会发生太多的情况。"小"原因导致"小"效果，一个作用会引起同样大小强弱的反作用。事物处于平衡状态附近，原则上发展尚可逆转，一切都还可以控制。

只有当各组成部分之间的相互作用关系为非线性时，事情才变得复杂。当系统的组成部分彼此相互影响时，可能会加强发展的势态。系统离平衡状态越远，之前看起来不可能发生的事情成为可能的概率就越大。全新事物或状态可能出现，突然之间，一切都不再似从前。在某些情况下，我们一直以来自以为认识、了解的系统可能会让我们惊讶而茫然，而系统的新特质令我们如此是因为按照所观察事物的线性延续，我们无法解释。

在大自然中存在很多被称为"相变"的突兀变化。例如，在观察温度下降的水时，最初一切的发展与状态都如惯常或多或少是线性的，没任何剧烈的改变。但是，在零摄氏度时，情况忽然"颠覆性"地进入一个完全不同的状态——迄今为止自由的分子

突然结合为固体结构，水变成了冰。旧的设想与理念忽然不再适
用。图21展示了几种典型的突然转变的情形。

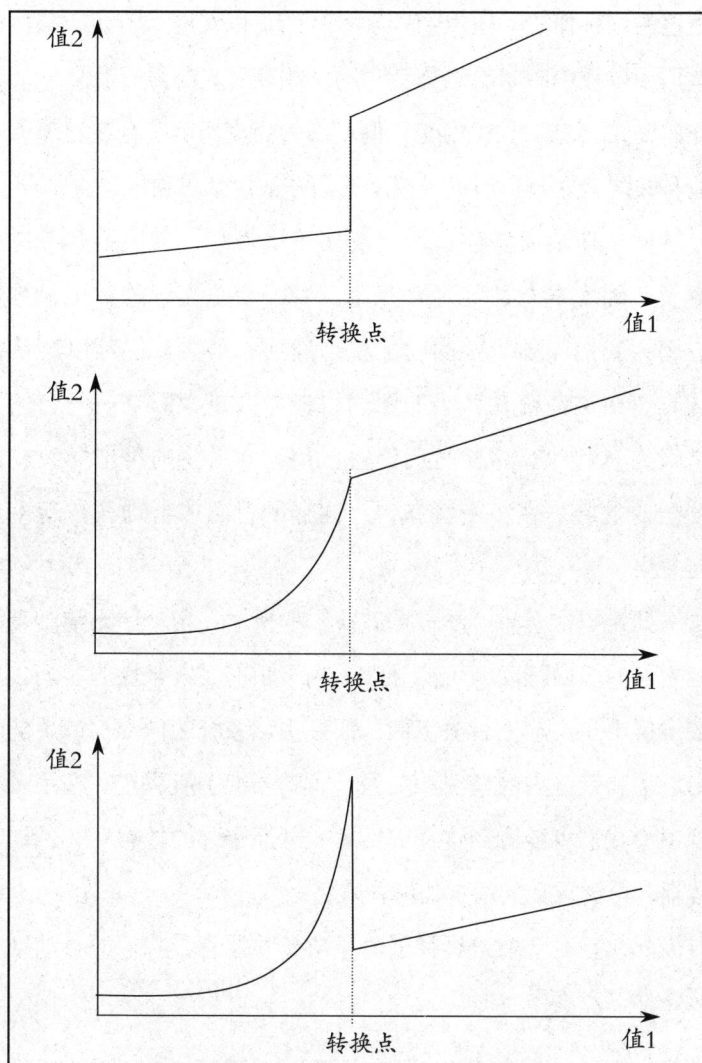

图21：相变过程中典型的值变化。

这种转变不仅发生在物理学领域，也是很多其他领域系统的典型特征，例如社会领域内的革命与剧变。社交网络上的结构形成也遵循这种模式，所以物理学家真的可以在网上辨认出群体或团伙形成过程中暗示出恐怖活动的"相变"。当然，我们不能以同样的公式计算所有的相变，但不同的相变间确实存在着惊人的相似和共同之处，它们可以帮助我们评估各个单独进程。

然而，在绝大多数呈现出变化的情景中，我们不必考虑质的突变，因为事态通常足够稳定，发展会是连续的。这也是好的，因为我们需要一定的确定性。然而，如果我们可以辨认出关键点，在这些位置微小的原因也能导致重大影响——当然它将是极为有利的。这样我们便可以用相对较少的付出导致或促进剧烈的发展。在平衡状态中，同样的付出或行动往往起不到任何效果。

例如人们常常举"滚雪球效应"的例子：由一团雪或一个滑雪者引起的轻微颤动，可能导致一场可怕的、灾难性的雪崩。这样的发展不是由触发者决定的，而是由该系统的内部构造（陡峭的山坡）和系统内的情况和关系（雪的层次）所决定。在很多其他现象中我们也能看到这样的情形：从原子弹的核裂变，到谣言的传播，再到社交网络上的汹涌舆情。

因此，在对情境进行评估时，应始终注意，我们的行动是在什么条件下产生作用的。

练习

练习55：考虑在什么情况下，看似微不足道的细节，可能成为导致意外后果的原因。

稳定与混沌——蝴蝶、龙卷风与预测

　　事物的发展并不总朝着一个既定的方向进行。有时，在发展过程中存在"交叉点"，从这个点开始会有几种不同可能的"路"。在此处，偶然的、微小的改变或看上去不重要的决定可能决定了未来的发展路径，而此后几乎不可能再脱离这条路。因为此后的情况和条件忽然变得如此稳定，以至于不可能再转换到其他路径上。在这种关联下，我们形象地称之为"路径依赖"。

　　当然也有可能根本就不存在某些特定的发展路径，未来是"完全开放的"。即使简单的电饭锅里煮饭发生的过程，便已让自然科学家认识到自己的极限。例如，当水温接近沸点时，水会在锅内开始运动。水从下方被加热，慢慢上升，在表面有所降温而又下沉。这时，我们可能会想，水加热的时间越长，这一运动过程便越激烈。但这样我们便又陷入线性思维的陷阱中了，因为从一定的温度起，这种优美的、均匀的"流"突然消失，锅内的水激烈地上下翻腾，可线性计算、预估的行为出其不意地转为"混沌"。

　　描述这种"混沌"运动的方程式是高度非线性的。如果将数字代入方程式中，虽然也能计算几秒后的状态将是什么样，但如果初始数值略有改变（也许不过千分之几的改变）并再次计算，就将得到与第一次计算完全不同的结果（参见图22）。原则上，我们也可以干脆仅猜测系统在晚一些时间时的状态，或通过随机数生成器去"掷骰子"猜结果。事先认识真实状态的概率也就那么高！

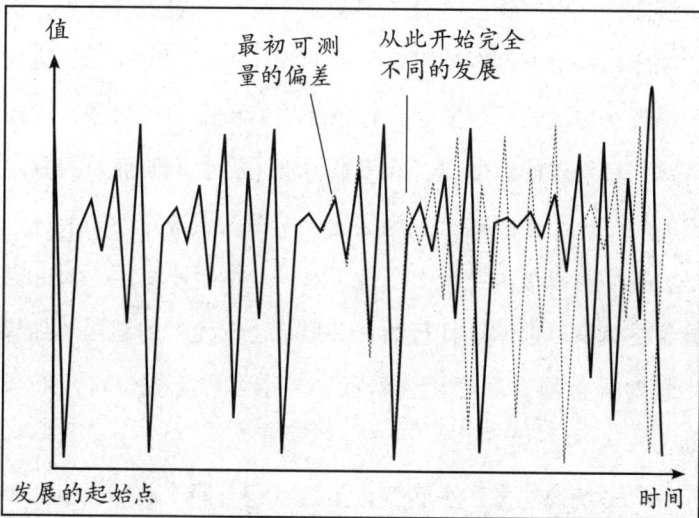

图22：系统的不可预测行为/表现。在大致相同的初始条件下，两个发展一开始还是相同的，但从某一时间点开始，它们的走向完全不同。

对这种敏感的发展及其计算，常引用的著名例子是：巴西的一只蝴蝶振动一下翅膀，可能会引起美国得克萨斯州的一场龙卷风。这个看似不可能的关联，源自美国数学家与气象学家爱德华·洛伦兹。他发现，哪怕初始条件仅有极小的差异，最终的天气预测也会出现极大的偏差，即使在非常简单的模型中，这种效应也会出现。

电脑和人脑都只能计算有限长度的数字。即使在小数点n位后"截止"时出现的不确定，也会严重影响非线性系统的最终结果。这表明复杂系统对极其微小的影响反应极为敏感，因而不再可能进行精确预测。

然而，此类过程还是有可遵循的、可数学表述的规律。根据这些规律，简单方程组便可以生成和描述例如一个粒子的运动模式。尽管这种模式无限复杂，但依然具有一定的规律性，因而是可追踪、可发现的。所以，在多数情况下，我们所面对的并不是全然的混沌，而是遵循一定规则的、所谓的"决定性的混沌"。于是，我们可以预测在什么条件下系统会变得不稳定，对此最初的迹象是偏离以前的线性行为，并形成之前没有的结构。如果我们不想对异常的发展变化感到意外，了解以上知识对我们极有帮助。

如果系统确实发生了转变，虽然我们不能明确预测事态会发展到什么程度，但至少可以勾勒出发展走向的大致区域，并以此达到一定的稳定。我们应该用这种想法来指导自己的思考。"投骰子"可能很刺激，但在经济、政治以及对日常生活负责任的考虑中，不应使用。

正如天气预报，近几十年预测的正确率有了显著提高。迅速发展的计算机技术，使我们能进行越来越复杂的计算、处理越来越多的数据。尽管如此，气象依然是一个复杂的系统，在原理上不可长期预测。描述气象预测所需的非线性、相互联结在一起的方程式，只能给出短时间内的明确结果。同理，我们也不能相信任何对复杂系统做出"相当确定的"预测的人。

练习

练习56：从历史上查询，何时何处看似微小的事件导致了深远的后果。

练习57：研究过去的种种预测，我们会惊讶地发现，其中大多数预测都是完全错误的。

反馈——从后向前

发展过程怎样保持稳定？通过观察发展并在偏离预定目标时去矫正，我们自然也可以调节和干预。但并非一切都可监控，虽然系统可以自我稳定，但也可能自发失去平衡，对此的关键词是"反馈"，这是一个广泛而普遍适用的原则。

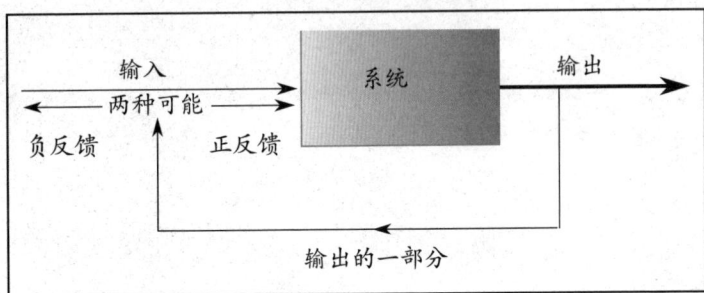

图23：反馈原理

图23展示了这种关系。系统输出的一部分又作为输入返回系统，接下来有两种可能。如果返回系统输入的值与原输入的作用方式一样，称为"正反馈"，即使其带来的后果可能是负面的。这样，一方面可以弥补消耗损失，但另一方面也能加强自我，甚至导致这一危险值的增长。当我们对着扩音话筒说话时，声音可以大大增强，加强过的信号通过喇叭返回话筒，得到再次加强，

该信号再返回到话筒……最终整个系统会陷入一种不可控制的声波振荡，人只能听到刺耳的尖鸣。

如果这种雪崩般的增强不受到系统能量储备的限制，便会不停增长并最终毁灭系统甚至是环境。此类反馈效应可以"向上"推动系统在增长过程中的发展，但也可能拉动它快速"向下"，像股市崩盘时所发生的那样：人们抛出股票，股市价格下跌，于是更多的人抛出股票，导致股价进一步下跌……由正反馈导致的这类"刹不住"的发展例子有很多，从技术、生物到社会学、心理学领域比比皆是。

这样的发展几乎是"凭空"产生的。极其微小的波动，比如在电子噪音或公共舆情中，可能得到加强，并引发"恶性循环"。在一系列敏感反馈系统中，这种"自激"是不可忽略的危险。

但我们不应仅关注有问题的方面。如果有意识、有针对性、目标明确地使用反馈，可以推动事物发展走向我们所希望的方向，但如果没有系统的自我加强效应，这往往根本不可能实现。所以我们应当注意系统的输出是怎样作用其本身的。

我们还需考虑反馈的第二种可能：返回系统的部分输出与原输入作用相反——称为"负反馈"，它可以使发展完全停止。通常这种系统的特征是干扰所产生的影响被抑制或抵消，并以此达到或维持稳定状态。这一原理应用在控制工程中，以保持值的稳定，或实现预定的时间上的发展。暖气上装的恒温器便是日常生活中可见的例子。

相当普遍的，很多设备、机器或系统只能以这种方式稳定运行。然而，面对这样的系统时需注意反馈是怎样进行的，我们应该对每一个小的、快速的振幅做出反应还是应当保持一个中间值/平均值恒定不变？错误的负反馈也可能使系统失去平衡。

自然界中当然也有负反馈。通过"自组织"形成的结构就能保持稳定。所谓的自我调节负责使开放系统（例如生物体、生态系统、国民经济等）保持在稳定状态。

无论我们是评判系统、操作系统还是在系统内行动，都应注意系统对自身的反作用。对系统输出选择性忽略——例如只关注即时利益最大化的人，可能短期内会获得成功，但不会长期持续这种成功。

练习

练习58：观察系统中所发生的过程怎样反作用系统本身，寻找正反馈与负反馈的例子。

跳跃响应——宁静的力量

至此我们已考虑了系统、原因、作用、因果链，已可以借此节省大量时间。但是，重要的不仅是某事会发生，我们还应知道，何时发生，达到目标状态需要多长时间。

经验表明，我们总需要或长或短地等待，预期效果才会出现。使用体温计测量体温时，我们也不能立即就读取结果，体温计的温度总是由低到高。

通过观察系统对一个突变的"回应"，我们可以大体领会、记录这类过程。图24展示了这类所谓的"跳跃响应"。

许多系统中都会出现两个典型的发展进程：一是图24中展示的"饱和现象"，在这种现象中，现在的实际状态从底部慢慢接近目标状态。再是"自稳振动"，在此当前值先是在期望值附近摆动，最后才达到期望值。在这两种情况下，我们都可以确定系统达到或至少接近目标状态所需要的时间。对仅在很短时间内发生的过程，系统根本不能或只能做出极为有限的反应。这也适用于因果链或系统链。最终出现的速度，由最慢环节决定。政策制定者应考虑到这一点。

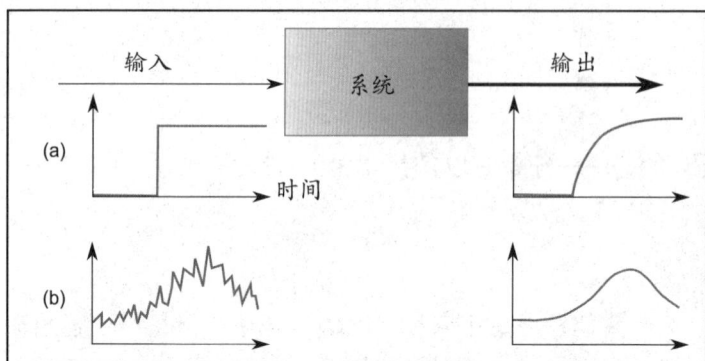

图24：（a）系统的跳跃响应。（b）消除干扰的过滤。

但是，我们也可以利用这种缓慢，以使短期内的干扰最小化，或使剧烈的起伏变得平缓［参见图24（b）］。例如，面对政治问题的"坐观其变"，与其马上对每一个要求、每一个问题作出反应，不如先"无为而治"，并以此度过最激烈的动荡。所以，系统也有过滤器的作用，它们只接收、吸纳我们想要的。这样，通过过滤过程，系统甚至可能会出现全新的、有益的质。

如果了解系统的跳跃响应，就能估测系统对任意输入信号、影响或干扰的反应。这种认识极为有益。能够自己塑造或改变系统的人，也应能辨别决定时间行为的各个因素。在某些情况下，即使很小的改动也能引起整个系统的质变。但是，最终总是要找到稳定与可快速反应的能力之间的平衡。作为一个经验规律，可以认为：系统越大越复杂，其反应便越慢——因为各因素的延迟会叠加在一起。这也可以解释为什么尽管今天各个单独行动的速度如此之快，而有些进程的发展却依然慢得惊人。我们的系统太膨胀、太复杂而无法迅速做出反应。想快速推动事物进展的人，显然只好借助一点：激进地简化。

练习

练习59：寻找通过惰性反应（即过滤）产生新的质的过程。

练习60：观察哪些事实拖慢了过程，考虑如果绕过这些迟缓过程，会发生什么。

第七章

应对费解之事的方法

坚实的根基——基本定律法

"所有伟大的事都很简单，而且大多用单个词语就能表达，比如自由、公正、荣誉、责任、怜悯、希望。"这句话出自温斯顿·丘吉尔。作为20世纪最具影响力的政治家之一，他知道自己在说什么——真正重大、伟大之事确实可以简单描述，而问题在于细节之中。所以，联邦德国基本法相对简单易懂，而所有以此为基础的、对具体事物进行司法规范的法律条文读起来就没有那么简明了。

帮助我们理解世界的自然法则很简单，因为没有例外：任何利益团体都没有特权，不会因为相差无几的投票结果而忽视败方的利益，没有令任何人摇头反对或愤慨叹息的事。一切都是合理的。所以，我们又回到了上述一点：大道至简，至少原则上如此。

到目前为止，本书已介绍了一系列物理学方法和概念，它们还需相互联系起来。在此，所谓的"基本定律"可以帮助我们建立这些联系。借助"基本定律"，最疯狂的现象与最复杂的技术也可以理解。

					产生怀疑
	事实？？？				
事实1B		事实23B		事实？？？	
事实1A	？？？	事实23A		事实34A	寻找答案
事实1	事实2	？？？	事实3	事实4	得到解释
基本定律1		**基本定律2**		**基本定律3**	

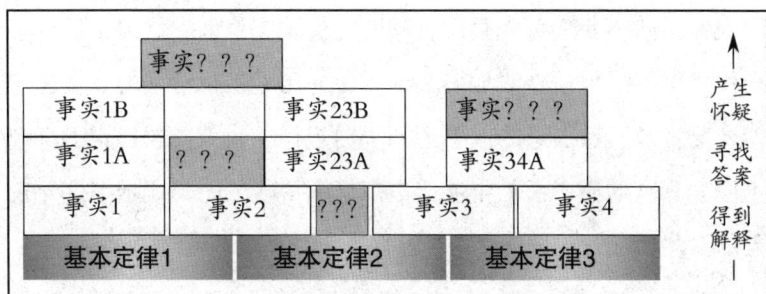

图25：一个理想的知识体系/知识宫殿——建立在基本定律的基础之上，可逐步扩展。

我们的知识体系可以形象地对应"建造宫殿大厦"——首先建立稳固的知识基础，并在此基础上整理、安排已知与未知的事实和概念。如图25所示，我们的知识将会像积木一样相互镶嵌组合在一起，知识、理解和解释上的漏洞从而容易辨认，并可在以后得到填补。这样，原则上我们自己的知识体系应遵循自然科学的演绎推导结构，因而不应还有零散的、难以理解的事实。

在所有的知识领域，我们都应当追求一种有逻辑结构的、以基本定律为根基的知识构造。只有这样才能够真正理解各式各样的事实与现象——仅通过死记硬背预先准备的解释是不可行的。

让我们暂时留在物理学领域：其中重要的基本定律是所谓的守恒定律，其中最有名的例子是能量守恒定律。借助能量守恒定律，我们可以研究并更好地理解任何技术过程或在大自然中发生的进程。

举一个照明技术的例子。新的LED灯可发出亮度至少与白炽灯发出的相同光，但不会像旧技术的灯泡变得那么热。这怎么解释呢？当然，我们可以翻阅各种专业书籍，查询它们的工作原理与作用机制。但现在我们不必这样做，因为用来解释的基本思想很容易理解：LED灯的效率远高于白炽灯，也就是说，LED灯产生同样亮度的光所需的电能比白炽灯少得多，图26展示了这一现象的具体情况。

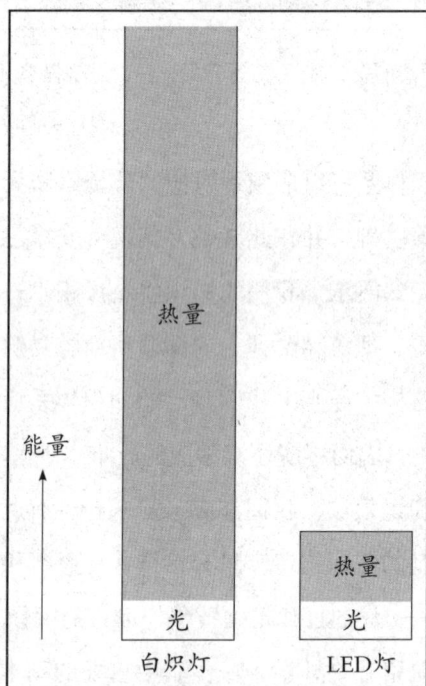

图26：为什么LED灯不像相同亮度的白炽灯那么烫？从能量守恒定律出发的简单解释。

每一盏灯上都标明了其工作的电功率（即每一单位小时所"引入、吸收"的能量）。因为白炽灯比相同亮度的LED灯纳入的电能多得多，根据能量守恒定律，它们将再把这部分能量释放出去，因为能量不会消失。因此，白炽灯所吸收的没有转化为可见光的能量，会作为热量散发出去。所以在散发过程中，白炽灯必然比LED灯热得多。

如果我们不清楚、不理解某一事物，不必马上沉迷于其中的细节，而是先追问它与在所有知识领域都存在的基本定律的联系是什么。要知道，我们只要与某一个基本定律建立起思想上的联系便可解决问题。

在规划一次旅行时，我们会首先确定好大致的主要路线，然后考虑如何走上这些主要线路，然后才需要考虑目的地的具体细节。当在精神世界的未知领域探索时，我们也当如此行事，不然便会像约阿希姆·林格尔纳茨的讽刺诗《蚂蚁》中的两只蚂蚁一样：

> 两只蚂蚁无头脑，家住德国北汉堡。
> 听闻动物乐园在，商定澳洲共逍遥！
> 遑论澳德天地远，汉堡疆域走得了？
> 未及郊外腿瘫软，蚂蚁智商大开窍：
> 最后一程暂放弃，澳洲仙境拜拜了。

如果我们不首先考虑最重要的、本质性的事实，便不能实现理解复杂事物的目标，连"大概实现"都不可能。正确的做法是：必须首先理解基本定律。

在物理学中，所有基本定律的表述都惊人地简单。能量守恒定律以外，还有上文已提及的经典力学中的牛顿三大定律、电工学中的欧姆定律，等等。以这些基本定律为出发点，形形色色的现象都可以得到解释。我们"仅仅"需要一步一步地通过演绎法、自上而下法，从一般的简单之事推演到独特的复杂之事。

因此，我们不能将自然与技术描述为各种事实、情况的混乱堆杂，它们是结构化的构造，只要相对较少的知识便可认识其主要的脉络。比如借助作图法尤其方便实践前文所介绍的方法与概念。

可惜，迄今为止，学校里无法充分实践上述方法。独立思考依然落后于记忆细节和重复预先的答案。可是，依靠记忆与重复，我们并不能掌握新出现的问题。时至今日，大多数的课程设置依然难以让人们将世界作为一个整体去理解。教育的新概念、新理念不仅在物理课堂上，在任何学科领域都是迫切而必需的。

我们必须介绍并学会一种新的思考文化，因为如果接受过高等教育的人尚不能理解自己周围的世界，仅能重复别人告诉他们的话，这有什么用呢？在未来，我们更需要的是不仅看到单棵树木，也能看到整片森林的人。在更好地塑造世界的努力中，靠死记硬背学来的知识，我们走不远。

练习

练习61：去了解不同知识领域内相应的基本定律——用这些基本定律可解释很多问题。

"默克尔菱形" —— 对称法

德国前总理默克尔女士的一个标志动作，是当她面前没有演讲台而站立着讲话或倾听时双手的姿势，即所谓的默克尔菱形——双手指尖相触并呈放松状态置于腹部前方，如今已成为世界上最有名的手势之一。

外界对这一手势的含义有很多推测。默克尔表示这只是出自她对"对称性"的偏爱，而且这样的手势有助于她保持背部挺直。

不过，这一理智、朴实的表述，却表明了一种观察与思考方式：即"对称"在世界最深处的内在构成了一个稳固框架。所以，物理学的基本定律常常产生于对称性。我们在模式法中已经提及，从各组成元素的对称排列中，可以推断出它们之间的关联。

而对称的断裂则表示相互影响与作用的中断，或可能全新的关系开始生效，此时系统在本质上从一种状态转变为另一种状态。

肉眼不可见的、内在的"对称"常常也表现在外观上，例如自由水分子的规则排列总是会形成六边形的雪花。所以，我们通过观察到的外在"对称性"，可以推断其内部构造的对称——反之亦然。平衡也表明了对称性。大小相同、方向相反的力，使一个系统处于稳定中。这也表明此处位于势曲线的对称区域，而我们这个世界复杂多样，在全球范围内并不是"对称"构造，但在局部可发现对称或"对称的断裂"，并可由此做出推论。

当我们不能一眼辨认出相应的关系时，可求助于作图法，通过调整、变换某一事实情况的组成元素的排列，可以看出什么组成元素在什么地方相匹配，或能发现尚缺失什么，甚至能够发现可能存在的对称。但我们只有进行足够的观察后，对称性才会显现出来。因为对称性不只是地理、空间上的，这一概念在物理学上已普遍使用，而且在广义上，我们不仅能为"左"找到"右"，也总能为"加/正"找到"减/负"、"前进"与"后退"、"善"与"恶"等等。所以，我们只需要记住"一半"，知其一便可推其二。如果有人认为这过于枯燥无聊，不必担心，世界上还存在着大量的对称断裂和"非对称"，它们为生活带来了足够的多样性。

不同于拍照时采用非对称身体姿势来展示某种时尚动感的"模特"，默克尔女士更喜欢在镜头前用对称来表达平静、沉着与坚定。也许，这象征着她的成功秘诀之一：即使在一个复杂的世界，也存在着某种可以保证稳定的对称，哪怕这有时仅表现在一个"挺直的后背"上。

练习

练习62：寻找对称，并考虑从中产生的后果是什么。

君往何处——汉赛尔与格蕾特法

在一个不断变化的世界上，我们的境遇有时很像《格林童话》中《糖果屋》里独自留在森林中的汉赛尔与格蕾特，必须在不见边际的混乱中辨别方向并找到正确的路。

汉赛尔明智地在口袋里藏了小石子，沿途一粒粒丢下，跟着这些路标，他和妹妹回到了家中。但第二次却出了差错：汉赛尔一路只有面包屑可以扔，但鸟儿把它们啄走了，所以路标消失了。

为了避免"这样的遭遇"，我们需要稳定、持久的基准点。但是，如果我们不具备使用"伯梅尔法"（假装自己是傻瓜，从简到繁逐步思考）在思想上从一点到达下一点的能力，有这些"基准点"也无济于事。在此，我们需要建立联系，简洁明了地提出：思考。

但是，我们不能随意铺建路标，而必须系统地处理问题。对我们有益的是：事实上常常已经存在一些蓝图、基本模式与基本定律。所以，我们并不是处在思想上无法穿透的原始森林，而是行走在已铺设好的道路上，只需再找到更具体的路径。如果我们观望、思考便可以辨认出某个典型的点；如果我们同时也理解基本的全图，便更容易达成目的。

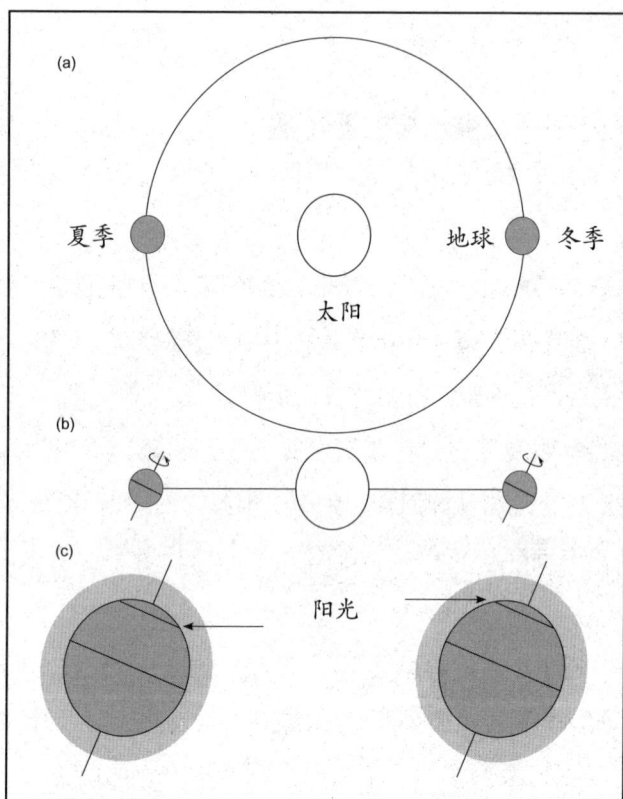

图27：四季更替的逐步解释——（a）"鸟瞰"地球轨道；（b）
"从侧面"观看；（c）略放大的、包括大气层的地球。

例如，在庞大的纽约市辨认方向是相对容易的：横"街"
（英语：street）竖"道"（英语：avenue）划分齐整，并依次以
数字命名（至少本来规划是这样的）。如果我们再有几个基准
点，比如我们所住的宾馆、帝国大厦、布鲁克林大桥和中央公园

（这些是我们的路标小石子），就不会找不到路或迷失方向。

科学的构造也是相似的。我们只需熟悉基本定律，因为它们确定了整体的蓝图。我们观察、思考，用具体的经验和认识填充蓝图，这便是我们的小石子和路标，以此将各"路标"之间彼此联系得越好，便越容易获得全貌。

例如，我们观察气象学的一个例子并追问：为什么会冬冷夏暖？已经知道答案的读者请不要跳到下一个篇章，因为这个问题可以作为范例，展示出如何在物理学思维下思考，以及怎样从"思想小石子路标"的一点移动到下一点。

先观察（伦琴法）。四季形成显然与太阳有关，夏天的太阳比冬天近。这如何解释？我们知道，地球一年环绕太阳一周（伯梅尔"傻瓜"法，即从简单出发）。我们将这一事实情况画下来（作图法），如图27（a）所示，标记地球在夏季和冬季的位置。太阳和地球的大小比例在此不重要，我们关心的是因果关联，而不是实际外观（抽象法）。所标记的冬夏两个位置的时间距离为半年（数字法、对称法）。从上面俯瞰不能解释太阳在冬夏位置不同的原因，所以我们换作从一侧观察（转换视角法），并尝试演绎不同的情景（试错法，参见后文）。因为地球稳定自转（基本定理，否则星空会看起来是一直在变化），我们须逐一推演不同的旋转可能（游戏法，见后文）。从地球上观察，只有当地球自转的轴是倾斜的，太阳的位置看起来才会不同——参见图27（b）。旋转之物是稳定的（伦琴法，如骑自行车或陀螺转动的经验），所以地球的旋转轴应当保持不变（基本定律法，守恒定律之一）。但是，为什么太阳位置低的时候，天气也冷呢——除了白天更短，因而太阳照射时间也更短的原因，我们改变尺度（视角转换法），将地球四周的大气层也画出来（作图法）并仔细观察［如图27（c），伦琴法］：冬天阳光需穿过的大气层的距离比夏天更远。阳光穿过的大气层越厚，被吸收的光也就越多（基本定律、经验：早上与傍晚的阳光不像中午那么热）。所以，在冬季，到达地球表面的太阳辐射更少，因而热量也就更少。这便是我们想要解释的。

我们自然也可以很快进入机械记忆：四季因为地球倾斜的自转轴而形成。但我们也能理解并向他人阐述吗？上文所示的解释方法，对某些人来说可能烦琐而费力，但这种在思想上从一个标记移动到下一个、从一个理由推展到下一个的"小石子路标法"，可以应用在一切问题上。掌握这种方法的人，能够以此理解、解释并记忆一切事物。找到并记住这种关联的效率，不过是熟练度问题。对于物理学家来说，这是他们的日常工作，所以他们对此很擅长，但他们也不只是在物理学问题上应用这些方法。

练习

练习63：尝试通过辨认"小石子"基准点的方法来理解较长的文章，将这些要点作为导向，指导自己更好地跟随、理解"解释思路"。

至关重要的秩序——整理法

人们并不太喜欢整理，因为这费时又费力，而且整理、收纳的好处往往在事后才能显现——例如在整理后，因为一切井然有序能较快找到某样东西。而且，在良好的秩序下，也比较容易知道什么东西缺失。

但是，通过整理、收拾物品而建立的秩序总是相对的——因为每个人对于什么东西该放在什么地方、什么该扔掉都有自己的设想。例如：有人会按照书的大小来整理书架，有人按照主题，还有人会按照颜色，等等。通常情况下，不同的秩序原则也会混合使用。

当理解了系统的构造秩序后，我们才不会在这个复杂的世界里迷失。然而，对于"系统的构造秩序"，每一种科学、每一个学科、每一个文化圈都有自己的见解。物理学家对世界上基本现象的看法和"分类"与哲学家截然不同，基督徒对某些事物的评价与其他宗教信徒也不一样。当两个"派别"相互对话时，他们无论如何都应该在一定程度上进入对方的系统进行思考，不然误解与争论便在所难免。

在对方的系统中，试图以自己的思考和秩序体系或自己的概念与构想进行操作是毫无用处的，也是注定失败的。尽管如此，人们却总是这样做。我们如此懒于思考，所以很少会考虑对方的秩序与解释体系。

如果能找到不同利益团体都可使用的体系，自然是最好的——这不是指每个人都要退让，最终获得没人满意的表面妥协。理想状态是形成所有参与者共赢的局面。

我们来看看，科学上不同的秩序体系是怎样互补互利的，举一个化学的例子：科学家们寻找可以嵌入性质迥异的所有元素的秩序体系，最初一直无果，直到俄国化学家德米特里·伊万诺维奇·门捷列夫根据元素的原子量进行排序，并按照相似的特性将元素分为七个组。这套系统图便是著名的元素周期表，尽管当时有几个空位，但它们恰恰有力证实了门捷列夫所发现的秩序规律，因为后来真的发现了那些空缺的元素。而物理学一开始对元素周期表基本无从下手，在19世纪末，化学家建立的元素与原子理论都还未被物理学家广泛接受，直到量子物理学出现，才提供了理论基础——物理学家的秩序体系解释与化学家发现、构建的元素周期表是相符的。

不同的人群创建不同的秩序体系时，某一时刻自然便会提起"这些体系是否可行及如何相互匹配"的问题。对此，我们来观察一下三种典型的可能。如果一个系统的主要特征由基本定律构成，并且从这一系统中可以推导出另一系统，那么各方都可以满意［参见图28（a）］。

这实现起来并不像描述的那么容易，但依然有一些好的实例。借助卡尔·弗雷德里希·冯·魏茨泽克①的观点，我们可以将物理学看作自然科学的"硬核"。原则上，一切化学反应都可以通过原子物理来描述。但是，化学还包含其他领域，在这些领域中，化学发展出了其特有的知识。图28（a）以较大的圈（量）形象表达了这一点。生物学则比化学更为广博全面。在生物学中，有很多可以归结为化学过程。

然而，通常情况下，不同的秩序体系仅有些许重叠［图28（b）］。而恰恰在此通过这些共同之处会产生更好地理解接收、整合纳入对方体系的机会。如果两系统没有任何交集［图28（c）］就困难了。这时，各系统及其代表彼此仍会相当陌生。

面对这个日益复杂的世界，我们在未来必须更加致力于不同体系、系统和学科之间的结合。否则，在各单独学科和各利益团体的纷扰混乱中，我们可能很快就再也不能看清和看透事实。相邻的边界区域、知识尤其应当加强探讨，不能仅做形式上的"跨学科"工作，或与其他团体仅客套地空谈，而是必须关注实质，关注正确的道路，或者使用一个宏大的词语追寻真理。这仅靠一个系统、体系、学科远远不够！

---

① 卡尔·弗雷德里希·冯·魏茨泽克（1912—2007），德国哲学家、物理学家，德国前总统理查德·冯·魏茨泽克（任期1984—1994）的哥哥。——译者注。

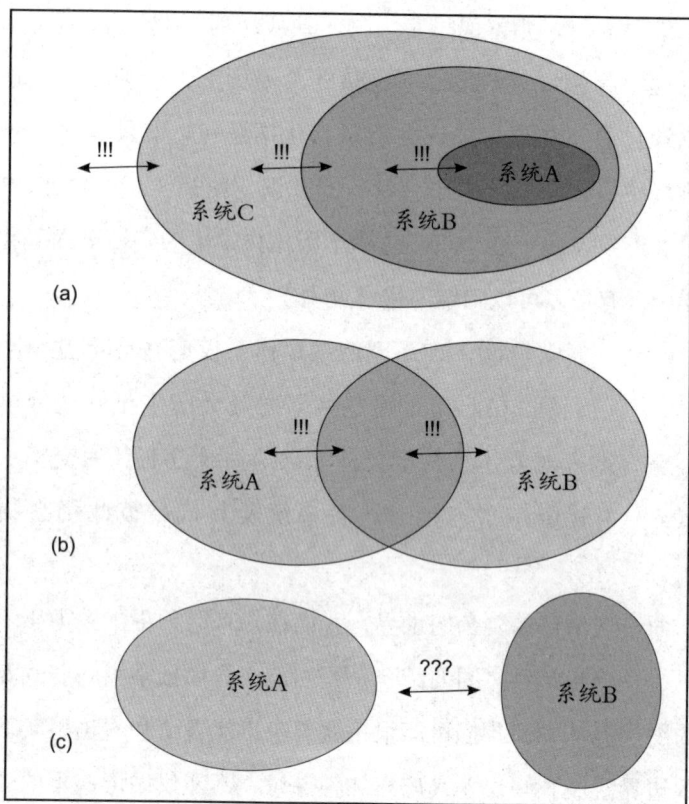

图28：秩序体系/系统（例如：理论）相合相配的可能：（a）一个系统是其他系统的"核心"，因而也是其他系统的一部分。（b）系统与其他系统仅有一定交集。（c）两系统无共同之处。

练习

练习64：遇到针对同一事实的不同的、有时甚至自相矛盾的解释，总是寻找起着连接作用的要素。

如无必要，勿增实体——奥卡姆剃刀原理

人们倾向于为自己直接的感官印象赋予特殊意义或重要性，但这并不代表会带来正确见解，我们来看一个例子。

从古代到近代初期，亚里士多德的设想在欧洲思想界和知识界中一直占据着主导地位。在他的自然科学理论中，他认为轻的物体，比如热的空气，会向上升；重的物体则相反，会向下落，下落速度随物体的重量而改变。这种现象，人们无需大费周折便可以观察到，但这样的观察未考虑到所有影响因素。因为客观上存在一条定律，即所有物体都以相同的速度向下落。当消除空气阻力的影响时——让物体在真空空间内下落可以证明这一定律，但这种理想的情况却丝毫不"寻常"。

所以，为了能够识别"真正"的、基础的事实真相（以便可以使用基本定律法），在某些情况下我们必须在思想上或在现实中消除"干扰"影响，而去除干扰后的所得结论，常常看起来有些奇怪和"不自然"，但我们由此揭示出了"基础"，在此基础上可找到进一步的逻辑解释。如果不回溯到这样的基本定律，我们便会迷失在多种多样的影响和独特现象中——不论是面对微小的、不能理解的现象，还是在理解整个世界上都有可能错乱。因为如果从错误的

前提条件开始，便不会有稳固可靠的、深远广泛的解答，或者用阿多诺[①]的名言来说：错误的生活无法过得正确。

某一模型或理论是否正确，取决于其实际的执行。但我们不可能总是等到成功或失败的最终局面出现后才进行判断。如果实践经验或证实尚未出现，该怎么办呢？所以我们有时必须在没有绝对的确定性时做决定。

在科学理论上有一条以中世纪哲学家及神学家奥卡姆形象命名的"奥卡姆剃刀原则"。根据这一原则，使用最少的特殊猜想或假设的解释或理论很可能是正确的那一个。所以，在众多可能的解释中，往往只留下一种，其他的好像都被"剃掉"了。可以说，我们实施的是经过考虑的直觉法。

但是我们必须注意：不可因为无知、愚昧或为了省事和舒适，便选择最简单的解释。虽然简单、快速走出危机情景的出路貌似诱人，但对它们也应先从头到尾仔细思考、分析推演至最终结果。

练习

练习65：在做出解释时，注意它们实际上是建立在多少虚构假设之上的（如果……假如……倘如……），寻找可用一个简单假设代替多种复杂假设的例子。

---

① 阿多诺（1903—1969），德国哲学家、社会学家、音乐理论家。——译者注。

哨声响起——动手尝试的游戏法

在日常生活中，我们面对的并不总是事关基本存在的重大严肃问题。世界的复杂性常常表现得寻常而平庸——例如，我们又不会使用一个新设备了。这样的例子数不胜数：电脑、高保真音响、收音机闹钟……现在只有专业人士知道怎样"设置"它们。

但是，尽管这些事物看起来复杂，事实并非总是如此，只是从来没人向我们解释过，对于我们来说，重要的事物是怎样相互关联的，而想要正常使用技术设备，根本也不需要了解那么多。各行各业的技术人员和书呆子，只是完全没有认真尝试如何将技术塑造得可以让人理解，或使用特定的、用户友好的解释。新开发的技术不是简化至本质，从而简单易懂，而是"随大流"增添额外"功能"与"选项"，变得越来越复杂。

所以，我们也必须在闲杂、冗余中辨认出重要的、本质的事物，并识别关键的关联。

简单遵循使用说明书进行操作，在最开始可以有所帮助。但这样做的前提是，说明书是可以让人理解的——而事实并非总是如此。如果想长期可靠地使用仪器设备，简单模仿"处方"是不够的，还必须培养出对事物的"一种感觉"，而这只有在认识事物背后的逻辑和概念时才有可能。我们怎样能形成这样的"感觉"呢？靠阅读说明书不一定可行，因为其中的大多数内容我们往往转瞬即忘。只有一种做法有效：游戏般地动手尝试。

任何一位物理学家都会证实：他对自己创造性工作的一大部分感觉是一种游戏。就像小孩子玩耍着探索世界并从中学习一样，物理学家也以非常相似的方式发现未知。他们尝试什么可以奏效，什么行不通，哪些方法会实现新的认知，又有哪些是死路一条。因而，他们不把这些当作必须完成的规定任务，而是带着乐趣探索发现新事物。

"游戏的人"主要通过游戏来发展自己的技能。这一概念起源于荷兰的文化历史学家约翰·赫伊津哈。在他最著名的著作《游戏的人》中，他将游戏描述为人类活动的一个基本范畴，认为如果没有游戏，便不可能产生科学、艺术、哲学和宗教。

事实是：通过游戏因素，不仅能发展创造性，还能享有乐趣地学习！通过尝试什么可行、什么不可行而开展记忆。在游戏中，我们持续应用试错法（见下一章）。尤其在电脑游戏中，这种方法更是常用，因为就算做错了决定、"犯了错"，原则上也不会发生什么糟糕的事：可能会丢失一些虚拟点数或输掉整个游戏，但下一次我们能做得更好。在真实的游戏中，我们也会做很多在现实生活中可能没勇气做的尝试。那么，是什么阻止了我们在日常现实中使用游戏因素呢？面对"严肃"事务，如微波炉、导航仪或电脑程序，我们就不能玩耍着操作吗？

我可以根据自己的经验断言：相对于在指导和观察下太过严

肃地对待问题，游戏着探讨解决事情容易得多！德国思想史上的一位重量级人物——弗里德里希·席勒在《美育书简》（也译作《审美教育书简》）中写道："最严肃的（艺术）素材我们也必须将它转换成最轻松的游戏……"

我们必须自由、不受约束地完全演绎各种可能，不然无从知晓什么是可行的、可做的。"游戏"在此指的是尝试各种可能性，以找到答案并在其中享受到乐趣。"乐趣"才是所有游戏的目的。

所以，当要使用一台设备时，花时间去用它尝试不同的事情。这时不应仅试验一直必须做的事，多去探索总是值得的——从某种意义上说，就是不仅仅要观看房子本身，还要注意房子的周边环境。只有这样，很多事情才会更加清晰，也更容易理解。为探索而付出的时间是很好的"投资"，我们自然不必一开始就启程远行，先"散步一圈"就已经非常有价值。去尝试、去试验、去观察，当发现有趣的事物时，为自己开心！

现在，有人会反对："玩耍"技术并不有趣。这只在一定条件下是正确的。模仿和复制当然不太有趣，或根本无趣，但自己动手尝试是有趣的，因为它能带来成功的体验。试试看！并且是一次又一次地尝试！每一"轮"都会做得更好。许多技巧和思路将会通过重复尝试而变得自动化，而我们也总能更快取得进展。

技术是一步步发展和建立起来的，所以我们的计划也需要一步一步去理解。绝大多数规定的操作步骤都遵循着某种逻辑，而我们需要认识这种逻辑。如果我们自认为，另一种方法比原规定的更简单或更合理，但这对使用、操作设备并无帮助，可先将精力集中在对自己最重要的事情上，然后在从此开始小心前行。

有一个常常被用来反对动手尝试的论点是，担心把东西弄坏。但如今的技术是很结实牢固的，有谁因为按错一个键把手机弄坏过吗？最多可能会将某些设置"调配错误"，这总是可以撤销的。当然，在动手尝试时要小心谨慎。做一小步，然后先等等看系统如何反应。然后每一步都会更加确定，不信就试试看。我的祖父将他在这一领域的经验总结为了一句简短的话："尝试胜于学习。"

练习

练习66：将日常劳作、努力看作一场游戏，在这个游戏中，可以尝试不同的事物！

第八章

实现看似不可能之事的方法

吃一堑长一智——试错法

可以说，如今的我们每天探索认知世界的过程都像在玩"捉迷藏"，因为我们所知甚少，所以只能摸索、试探行事，并在每一步后再反思这一步是否走得成功、正确。这种行为方式看上去相当有效。例如，我们在电脑上打字时，如果忘了一个单词怎样拼写，会先尝试一个大概的写法，如果这个词被标记了红色的下画线，则证明写错了，于是我们一再修改单词的拼法，直到错误标记消失。对此，我们仅需略微了解些正字法规则。如果我们有适当的耐性，通过这种试错法，即使对正字法没有深入了解，也可以完成一篇完整的文章。

而这种行事方法在各处都越来越常见，因为存在这样的机会和可能，所以我们就这样做事。费力的思考工作被极其单调、简单的尝试所取代——它的好处是，不太有天赋的人也能取得可观的成功，因为对此不一定需要聪明才智，仅需毅力和坚持。

计算机在此对我们也大有帮助，因为计算机可以在极为短暂的瞬间完成许多小的步骤、措施。例如，在证券交易市场上进行着大规模的计算机自动交易——以复杂的计算监测、发现交易波动与趋势，并在几分之一秒内实现大量交易。目前，全世界超过三分之一的交易是通过这种所谓的高频交易实现的。在美国，这一比例已超过50%，而且仍有上升趋势。

创造性已经是明日黄花了吗？难道我们只会像疯了似的不断尝试，并最终采取可以立即带来金钱的行动，或者——比喻说——不会被红色下画线标记为错误的行为？这样我们貌似不会做错什么。而根据我们今天的所知，整个进化过程可能都是以这样的方式发生的。

然而，如果我们知道一些规则并注意边界条件，达到目标便会快得多。在正字法的例子中便清晰可见：如果不必在拼写每个单词时都尝试不同的字母组合，书写效率会大为提高。原则上，这适用于任何事。这便又回到了效率问题（参见关于效率的章节）。

所以，我们不得不至少理解各专业领域事物运行的基本原理。这首先需要投入时间和精力，但之后会得到回报。没有不同寻常的尝试，就不会有新收获，不然新事物怎么可能产生呢？盲目尝试不同解决方法的人，仅会偶尔有一些特殊发现；如果事先排除掉无意义的尝试，不仅预测最直接的关系，还预测间接的关系，我们便能更快找到有创意的、有望成功的道路。

如果目标离起点不太远，那解决方法常常一步便可实现。我们尝试一下，然后看看是否已经成功解答了问题［参见图29（a）］。但世界上的事物往往并不那么简单。出于种种原因，我们总是不能走出决定性的一步，或者目标太遥远了，所以必须找到中间步骤，而它们并不总是直接就可以计划或可以预见的。

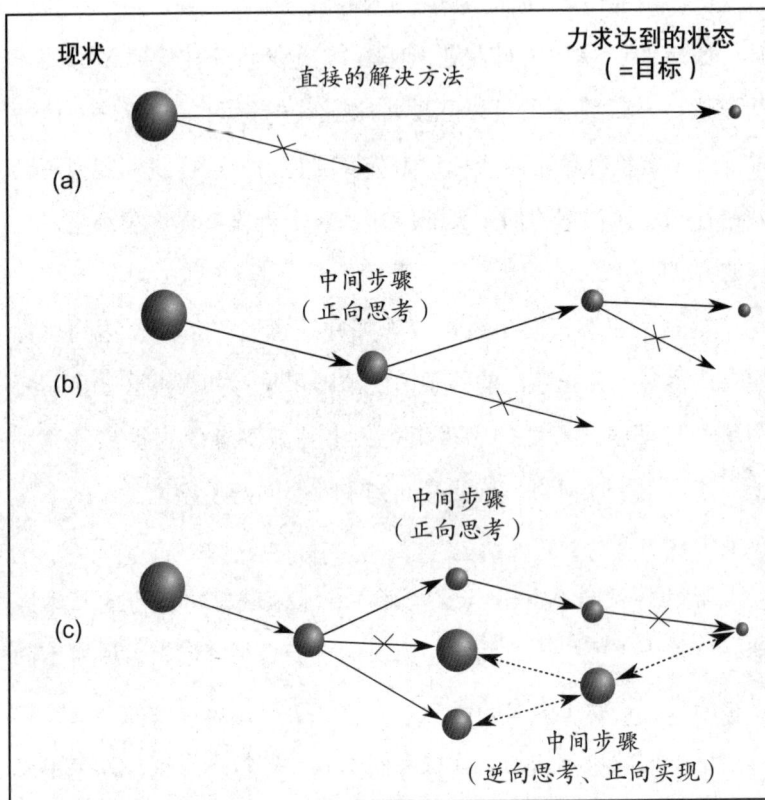

图29：寻找实现目标的可行方法

为了辨认、识别中间目标，可使用我们已经介绍的"缺失环节法"。如果在正向思考中不能找到完整的解决方案［见图29（b）］，那就必须从后往前逆向观察。那么询问那些中间状态的环节是必不可少的，只有这样才能达到最终目的。转换角度在此往往也很有益，这样可以更好地查明接下来的情况。所以，我们是在思想上逐步向前或向后推进，有时也会从中心开始，直到找到一条贯通的路、一个解决方案［参见图29（c）］。

练习

练习67：寻找一个期望实现的梦想目标。正向与逆向思考，辨认通往终极目标过程中的中间目标，然后踏上实现目标之路！

漫游、漫游——小步法

解决问题的每一种方案，都可以抽象表达为一条路径曲线［见图30（a）］——我们可以将这条路想象成一段由很多小步构成的一次漫游。对于到达目的地来说，每一小步的方向并不重要，所有脚步连在一起的终点才是决定性的！

自然，有关于各个部分的位置与方向的问题不会少，在此我们可以实施小型"试错法"，这不会造成太多弊端或损失，只是不可在过程中忽视、忘记目标。如果在某一动作后我们发现那一小段路偏离既定方向太远，接下来便必须相应修正路线也就是实行"反馈"的原则。所以，我们每一步都必须重新思考，这听起来非常繁杂，事实也确实如此。此外，这种处理方式没什么惊奇之处，最终起决定作用的是总和结果。

小步运作还有一个优势：如图30（a）所示，每一小段直接相连的路线往往在方向上差别不大，所以路线矫正几乎不明显，所需耗费（所顶的"逆风"）也相对较少。

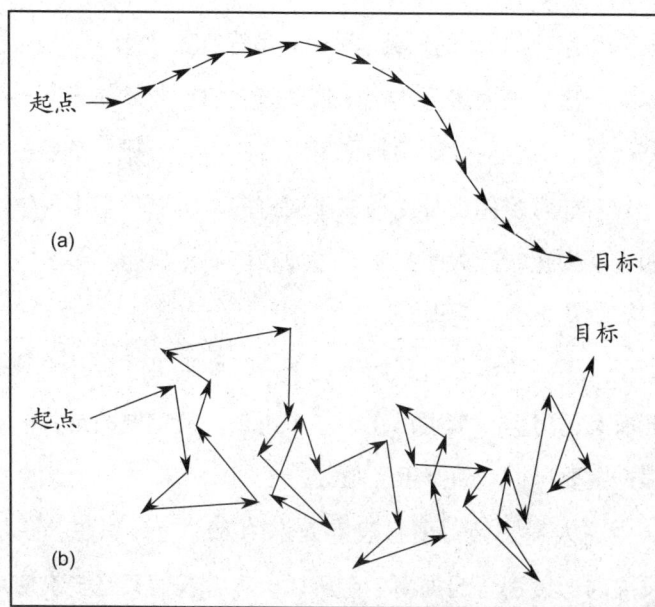

图30：每条路径都可以分解为许多小段。（a）每一小段与相邻段的方向仅有不易察觉的微小差距。（b）在"场"的影响下的随机、偶然运动。

但是，我们要走的路并不仅仅由我们的意志或少数可控影响决定，一般存在多种因素，其中一部分会随机而强烈地影响所选路线，由此产生的路线更类似于图30（b）所示。如果没有一个外部的场发生作用，靠它相关的力使运动在总体上有一个基本方向，这种所谓的随机游走、随机漫步就不会平均向前运动。这种运动，有时在小范围内会被认为是在"四处游荡"，但当从合适的距离观察（转换视角！）时，整体就会前进了。物理学充分了解这样的运动：例如，电流就是以这样的方式实现的。在电流通过的介质中，电子快速、激烈地相互撞击或撞击介质的原子，尽管如此，整体上电子还是向着电源的正极运动——虽然速度很慢。

媒体与历史书大多喜欢记录那些宏大的、天才的策略与行为而忽略小事。我们对此必须转换思考方式：因为在一个多极的世界中，有着非常多的力分别指往不同方向，所以日常事务中事实发生的进展变化情况大多只是缓慢而艰辛的，只能"小步""向前"，有时甚至会"后退"。

老子说："千里之行，始于足下。"如果第一步并未精准指向我们所想的方向，那可以在第二步纠正。最重要的是我们要启程、根据主要目标不断修正、坚持。

认为这太耗费精力而且没有效率的人，应该想想，生活中一切发展的速度都普遍提高了。所以，尽管我们只是多次使用了"小步法"，世界依然有了极大改变。如果有人仍然认为这种"谨小细微"的方法只适合没有远见卓识的流水线工人，不能给人类带来足够快的进步，这种人应当想想那些以自己的思想、主意改变了世界的伟人：几乎毫无例外，他们最初也需劳神费力地工作，钻研细节与数据，他们的伟大想法也只是艰辛工作的结果，有时甚至是数十年"一步一步"工作的成果。

练习

练习68：回忆自己曾凭借多少努力和诸多小步骤实现一个重要目标。

一直沿墙走——"算法"法

假设我们迷失在一座复杂的迷宫内，需要自己找到出路。于是，我们无章法地乱转，期待靠运气发现出口。如果我们没有做任何标记（参见以小石子做路标的"汉赛尔与格蕾特法"）或不了解迷宫的路径概貌，就必须想其他的方法。有一个"技巧"：用右手摸着墙，不要放开接触墙壁，一直向前走。尽管靠这种方法不能找到通往出口最短的路，但终有一刻会到达出口。不相信的人，可以在自己家里试试（当然使用左手也可以，重要的只是务必始终保持一个方向）。

这种解决问题的策略，是所谓"递归"的一个例子。在"递归法"中，通过将问题/任务转化为数个小的、完全相同的子问题进行重复解决/计算，从而将任务/问题简化（参见图31）。在上述走出迷宫的例子中，任务被简化为一个很简单的指令：用右手触摸墙壁，向前走一步，看是否找到了出口。如果找到了：目标实现。如果没有：用右手触摸墙壁，向前走一步，然后看是否找到了出口。如果找到了：目标实现。如果没有：用右手触摸墙壁……我们一再重复同一动作，以所谓的"行为循环"行事，直至实现目标、达到目的。

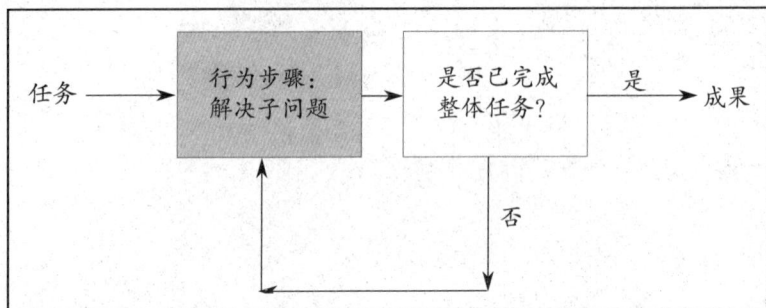

图31："递归"作为解决问题的策略

　　所以，当面临一个困难的问题，不能找到直接的解决方法时，我们应当试试是否可以通过一直重复相同的子步骤来解决这一难题。例如，当所需运输的物品数量过大而无法一次送达时，就需要将其拆分为小部分、往返几次运输。

　　还有一种与"递归"密切相关的解决问题的方法：迭代。在此我们可以自己决定，在一个循环内进行多大程度的持续重复。例如，如果想将一种符合某些特定参数的产品推向市场，对此我们应首先开发、构建一件样品，检验它是否满足所设定的标准。如果满足，便已达成目标，但一般还需再进行些改进，所以我们将样品再次送回"循环"进行调整修正、开发、再测试——直到达到指标参数。自然，评判这种方法的效率的一个主要标准是：能够多快近似达到所期最终值。如果不能在适当的时间内实现目标，持续重复也没用。如果还须进行许多修正，则应尽快付诸实践。当然我们必须注意，系统不会因为这些修正而变得不稳定——此问题在关于"反馈"的章节中已论述。如果持续进行过于剧烈的修正，起始值可能不会趋近目标值。像在所有其他解决问题时一样，在此我们也需注意在必要时妥协。

但是，问题常常如此复杂，无法仅通过执行一种循环就解决。于是，需决定例如可使用哪种类型的循环，或是否需依次运转几种不同循环，或是否必须几种循环相互嵌套应用。通常还应拟定首选解决方法的替代方案，即"备选计划"（Plan B）。

这样的规划可以系统化，也可以用图形来表示。这种由数个固定步骤组成的"行为说明"被称为"算法"，它是于公元800年前后生活在中亚、撰写了一本极具影响力的算术教科书的科学家——花拉子米的名字的变形。

菜谱和使用说明书，都是简单算法的例子，它们一步步地解释需要做什么。如果解决某问题需要执行很多步骤，并在此过程中需要做出很多决定，算法就复杂了，只有计算机能胜任这类算法。这一领域的迅猛发展导致了，算法以计算机程序的形式决定了我们今天的生活：搜索引擎的算法帮助我们在无限的信息洪流中找到所期望的信息；导航系统为我们计算最快的路线，并引领我们去到正确的地方；情报部门的计算机监控着全球的数据传输，并从中抓取相关信息；通过算法，机器自主"学习"，并发展出某种人工智能。算法日益剧增的"无所不在"，使一些人认为，可以用字母、数字与符号来实现的机器语言已经是一种"新世界语言"。

算法的一个特殊优势在于，它往往不仅仅可以应用于具体个例的问题解决。在众多问题中，已发现了一系列一再重复出现的问题类型（比如搜索与分类）并创建了相应的解决算法。在此处又显露出的"自然的统一"中，可再次窥见已多次提及的科学家的"诀窍"，即仅掌握少数几种方法，但它们可应用于尽可能多的事例。

在此并不是要具体探讨各种类型的算法，但关于解决问题，应记住一点：行动、操作步骤是可以结构化地描述的，在每一步之后，一般应决定将继续进展多远。整个过程也可以使用通俗易懂的文字与符号清晰描述，对此图示法也很适宜。

但是，我们需考虑：在日常生活中，事物进程不总是那么井然有序、逐一发展，而是很多事情在平行发生，而算法与计算机也可以相应地拟定与构建。所以，"平行工作"并不总是徒劳无益的，如果各个结果可以有效整合在一起，"平行工作"也会非常有益。

如今，我们经常使用算法而并不了解它们，因为我们不再自己设计或实践，对事物的感觉因此已丢失。为了能更好地理解世界，我们应当尽力尝试：在可行的情况下，有意识地去思考、领会算法。学校也应提供这方面的教育，这让我们可能理解和更好地评估自己的行为方式，从而能制定更有效的解决方法。

练习

练习69：在日常生活中寻找算法。

练习70：以"行为循环"为基础，创建解决日常问题的策略。

想象不可想象之事——跃进法

虽然"小步"法与"算法"法很强大和有效，但它们并不能解决所有问题。如果问题过于新颖，从而没有可规划或可令人满意的解决方法，或没有足够的时间等待多个子步骤措施的总和效应的出现，又该怎么办呢？很多人会随便尝试些什么，在紧急困境中挑选貌似坏处最小的选择，或多或少做出无益的妥协，没头绪地在问题迷林中摸索。现实世界中的政治与日常生活的管理便是这样进行的。在现有情况下，通常除了这种盲目摸索外别无他法。因为，我们必须仔细思考根本上的全新可能及解决方法——而且是在事前就思考。所想到的新方法在当下是否可以实施，是另外一个问题，下一步才需要去考虑它。

我们来观察在自然科学中这是如何进行的。在此也有成千上万勤劳的工作者，在各个学术等级上，一小步一小步劳心费力地求索待解的问题。但是，当主流设想与所经历的现实矛盾过大时，或当很多人感觉到旧手段已不够时，会有人提出全新的、非常规的建议，它们甚至往往是与稳固可靠、沿袭已久、历经证明之事相矛盾的，会令世界为之震惊。很多人会拍着脑袋高呼："这根本不可行！"

也许正因如此，新思想意味着在思考上实现质的飞跃：它们开辟了之前无人预料的道路。这种解决问题的"质的"推动和因此产生的在理解世界上的飞跃，让我们想到爱因斯坦、玻尔或海森堡这些伟大的名字。

应该如何想象这种真正非常规的思路和解决问题的建议呢？物理学上的所有新思想都有一个共同之处，即它们扩大了已知定理的有效范围。它们不是简单抛弃已历经证实的旧认知，而是增加了人们被赋予的能力、可能性。

举一个简单的例子：数千年前我们的祖先便已会数数。从"计数"到"计算"的转变，是思想上的一大进步。处理数字虽然变难了，但通过行动指令（算法），任务是可以解决的：27 - 19 = 8总是对的，这个结果可以通过数数来核实。但是，例如计算13 - 18 时，又该怎么办呢？如果我只有13个筐子，但我必须交出18个，这在现实中是不可能的，这个问题是"无解的"。那么就此结束讨论吗——当然不是。

你能想象引入"负数"的概念，在数学史上是怎样的伟大成就吗？13 - 18 = -5，在实践中不能通过物质的、具体的"数数"来核实，因为谁曾见过-5只筐子呢？但是，我们可以将它看作债务、后期需要交付的筐子。这就是通过极端的新观点——将数字范围扩展至负的、不可触碰的、无具象的，计算才得以实现。

在今天的日常生活中，描述账户余额、温度或其他各种标度、刻度时，使用负数已习以为常。但最初必须有人想到这一点！人们（曾）必须克服思想上已固定的设想，并学会用全新的方式思考——这通常意味着"开阔思路"！在这一过程中，一般无法避免要打破禁忌。

在此，像"不可改变的事实"一样，"永恒的真理"有时也必须可以被质疑，技巧在于探索必须以不同的方式思考或做什么。对此首先不仅要质疑一些根本之处，还要真正从头到尾、深思熟虑后果及替代方案。最初的惊恐疾呼——包括自己的、内在的，必须先当作思考阻碍忽略掉。所以，科学家的工作是不声张的，不会一有新的想法便大肆宣扬和讨论，而是首先批判性地验证其有效性、适用性。新思想有效的一项重要标准是：不仅能够用它解释新事实，也能以此阐释旧事物。在证实其可用性之后，首先在小范围内介绍、讨论，经过相应的修改后，才向大众公开。

在科学上，我们可以相对简单地尝试新想法，并安静地测验有效性，但在日常生活中就没那么容易了：要注意边界条件，遵守时间计划，往往必须让其他人、团体、利益群体同时参与，需做出妥协、筹集资金、关注竞争，等等。因为情形如此复杂，我们越来越倾向按照"快速粗制滥造总比没有好"的格言行事：先占领几个战略领域！先要比竞争对手快！先提交些什么！我们再看。这不过是盲目、简单的冒进行动。结果，不成熟的"权宜之计"常常真的成为"决策"。但是，在这个忙乱的时代，这些好像不是问题，因为反正一切都只有很短的保质期和有效期。因此糟糕的解决方案或无益的妥协并不严重，因为明天就要处理完全不同的问题，如果只在狭隘的时间范围内思考（到下一个项目、下一次论文、下一次季度报告或下一次选举），那确实如此。然而，我们越来越面临的是重大问题，它们的影响将远远超出仓促、慌忙的日常事务。

所以，我们要弄清楚，必须或走向哪个（基本）方向，不然将只会随波逐流，将只能有限进行塑造性的、可持续的创举。因此，我们应当一再讨论、追问质疑本质的问题，不可让日常琐碎分散注意力。我们所找到的解决方法，并不总是激进的。但有时别无选择，只能使用完全不同的方法，并抛弃自己的、至此被认为是正确的信念。怀疑挑剔者和大惊小怪者，只能被一件事说服：成功。

当尝试解决问题时，不论是采用小步法不断重复，还是大"跃进"法，必须总是检测、评估（部分、子步骤的）结果。实践中的测试是检验理论考量、计算或直觉行动是否正确的唯一标准。他人的看法无权决定某事的对错——不论是业界权威的、多数人的抑或是少数人的。

练习

练习71：追问、质疑日常生活中的基本之事，并客观考虑后果。

如果耶稣是木匠——模拟法

对于许多模型、理论或建议，我们不可能总是等到所有的有效性证据呈现，或最后一点疑虑都消除，只能客观、无成见地"逐一演绎"所有可能及后果，并开诚布公、无特定预期地讨论各种结果。

但这说来容易做来难。因为正如在《数字法》章节中所提，复杂系统的行为通常不仅仅取决于一个值。因而，虽然原则上可用同一个公式来计算事实，也会出现无数可能的结果与答案。

在计算机上对各种可能性的"逐一演绎"，称为模拟。在物理学中，它如今已成为理论与实验之外的第三种工作方式。因为计算机的高速计算能力，现在可以借助它进行算法尝试、演绎难以想象的众多可能——这在过去就算不是根本不可能，也是极其艰辛的。

但是，如果最终计算得到很多结果，对事实也没什么帮助，此时的诀窍在于确认边界条件，排除众多可能，在理想情况下应只剩下一个答案或结果。但这样做的问题是：根据所选的限制条件，将获得不同的答案和结果。所以，我们不能仅因为功能强大的计算机进行了某计算或预测，便相信它们。最重要的是：前提条件是什么，哪些影响又被忽略了。如在讲述"混沌"的章节提到，对不稳定系统的结果进行猜测，有时与复杂模拟计算一样可靠。尽管如此，我们仍然常常可以辨别、确定一些特别关键的影响变量，把它们作为行为基准。当下的例子：温室效应所导致的全球变暖。在此类情境中，只能事后确认某一模型是否适用，因而也可以"反推"使用该模型，即应当可以利用过往数据计算出当今的状态。所以，如果想评估某些"模拟"的价值，应追问这些模型是否可以反推计算或应用于其他事物。在此我们必须注意，所使用的模型是不是以过往数据为基础开发的，否则所有的往回的推算都会是正确的。

如果不同工作组的模拟相互有出入，而我们不知道哪种模拟最好地反映了现实，则应将各结果相互结合起来。如前文所述，各工作组之间的开放讨论及后续的"集合"或"平均"各结果，可降低不确定性。虽然这需要各方面的辛苦付出，但面对重大、深远的问题，比如在政治上，就不应该畏惧使用这种方法。

尽管现代计算机技术提供了无尽可能，预测未来依然有一个弱点：预测总是基于过去和当前的情况，不能事先提前考虑到未来的"质的飞跃"，如发现、发明、涌现结构的形成。所以严重的错误预测也会一再出现，著名的例子是：IBM的创始人及时任董事长托马斯·沃森在1943年说："我想，五台电脑计算机就能满足全世界的需要。"当微软的创始人比尔·盖茨在1993年称互联网不过是"一场炒作"时，他的猜想也完全错了。所以，备受认可的专业人士也并不是无所不知的，他们的观点有时也会在事后被证明为大错特错。

因此，我们应当保持谦卑，虽然现在高度发达的计算机技术可以帮助我们计算和预测，但同时总体上普遍的发展也比以往快了很多，所以未来会有更多"质的飞跃"。这也意味着，今天的许多长期预测将不会比过去的科学预测更有价值。此外，在评估、计算和模拟中，必须认识到主观错误——如果我们自己是行动者，则应避免这类错误，尤其是以下一些准则：

流行的、广泛讨论的价值观与经验，通常会比不那么知名的经验和价值观得到更大的权重。名人的观点（尽管他们不是专业人士）尤其受到关注。

正当下的价值观与经验常被高估。

不同寻常的事件会被赋予比日常事物更高的意义与重要性。

愿望或恐惧不应进入计算与模拟。

不可为了满足自己的预期而寻找、挑选、解释信息与事实。

这些准则应是众所周知的，但它们常被过分忽视，在媒体中尤其如此。此外，我们还需时刻注意经验与解释模型的有效范围，它们常常比我们希望的小得多。

我们当然可以设计非常独特的、有趣的场景，设想一下：假如耶稣没有传道，而是从事一份"接地气"的朴素职业，历史的走向将是什么样的。但做这样的思考时，我们必须始终牢记，实践是理论、模型与模拟的最高标准。要知道，无法核实、检验的见解或陈述，原则上是毫无意义的。

练习

练习72：认真思考，在只有今天一半的年龄时，你是怎样想象现在的生活的？翻看、查阅这一时期的图片、文件及影视，承认自己无法预见的事情。

第九章

应对自以为是、夸夸其谈者的方法

皇帝的新装——能力法

能力低下之人的问题在于：因为有限的见识与水平，他们认识不到自己能力的不足。他们倾向于高估自己的能力，不能理解、领会他人的观点。这一事实，在1999年由两位美国心理学家实验证实，因而根据他们的名字称为邓宁-克鲁格效应（Dunning-Kruger-Effect，也根据缩写D-K-Effect译为达克效应）。那么当我们不得不与这样的人进行讨论时，该怎么办呢？

面对一个群体，而我们不能实际理解他们的行为模式、观点或信仰时，沟通会很困难。多数人的所言所行未必正确或符合事实。因为不仅存在"群体智能"，还有"群体愚昧"，而且所牵涉的各种情绪也总会起至关重要的作用，这一点在如今日益理性运作的社会中常被低估。

在一个正在变得极端复杂的世界里，对于理解和接受各种关联，我们受到了愈发强烈的挑战。我们渴望清晰了然、浅显易懂的解释，因为"领会、理解"与"顿悟、体验"总是带来积极情绪。自然而然，简单、轰动、感情强烈的解释（即使是错的），总是比复杂、客观枯燥的解释更容易被人们接受。这可以解释，为什么半真半假、阴谋论、关于奇迹治愈方法的报道和类似的怪异说法总是不难找到追随者。

为了在众多的事实、观点、承诺、产品、模型等中找到导向，我们越来越多地在所谓的"过滤泡"与"回声室"内行事——我们只让具有相似观点、相同价值观的人留在我们四周。这样生活比较省心、安宁，因为不必被迫面对相左的观点或令人不悦的事实。但是，如此一来，我们便不能客观看待四周环境，而像是通过一个过滤器去观察，它会阻拦、隐瞒与我们的世界观不符的事实。相应地，我们的思维和行为也会变得狭隘。

现代传播的艰巨任务尤其在于，使这类"泡泡边缘"变得具有渗透性。如果我们有这种能力，并去探讨对方的（实事的，以及情绪、情感的）观点，便证明我们已拥有可以客观、无成见地思考与论辩的能力。

如果想提出特定的反驳，无论如何都需要具有相当的专业能力。只有在此基础之上的自信才是长久可靠的。

尽管有时很难先将情绪放到一边，但我们首先仍然应该尽量冷静分析、从不同方面来观察事物。如果找到并检验了有理有据的观点，哪怕它们可能与大多数人的看法或流行趋势相矛盾，我们也必须提出来。如果条件相宜，也完全可能像著名的安徒生童话《皇帝的新装》中描写的一样壮观轰动：没人愿意暴露、承认自己根本看不到"皇帝的新装"，只有当一个孩子天真地喊出"可是他什么都没穿呀！"时，人们才承认了昭昭事实。在这个例子中至关重要的一点是，每个人都能马上"眼见为实"。

可惜事情并不总是这么简单，证据或反证很少立即显现。那我们可以做什么呢？建议如下：

找出对方论证中的关键点，这样能更好地理解对方。如果能证明他的思考在基础上有错误，自己的反驳便会更有力。特定情况下也可指出，貌似对立的观点甚至可以相互联系起来。

尽可能验证数字及其来源。煽动者的数据经常被证实为不可复制或不可靠。

找出作为对方思考基础的简化，如果能举例证明其"理想化、简化"不符合现实，那么他的解释模型或论证链就可能存在错误。

找出对方观点生效的条件与界限，并在必要时追究细询。如果明显超出了有效、合理界限（例如所规划的时间或可使用的资源），其观点便是可疑的。

寻找对方论证链中最薄弱的环节，在此着手，便能以相对较少的付出击溃一套错误的思想体系。想想用一只简单的弹弓击败全副武装的巨人歌利亚的年轻大卫[1]！

找出并指明显然不适用于对方论点的事实与反例。

在讨论中，注意时间和因果关系！现在是过去事件的结果。仅靠当前的事件与数字，不能理解和解释当下。

不要陷入争论。如果受到人身攻击，不要用同样的语气回

---

[1] 大卫和巨人歌利亚之战，是《圣经》中一个重要的故事，也是西方世界以弱胜强的励志经典。大卫仅凭手持杖、甩石的机弦和从溪中挑选的五颗光滑石子，便去和头戴铜盔、身穿铠甲的巨人歌利亚对阵。大卫用机弦将石子击中歌利亚的额头，歌利亚仆倒、面伏于地。——译者注。

应，而是坚持论点本身。

在所有的客观论证中，永远不要忘记对方的情绪。如果未顾忌到这些，会被指责为冷漠、傲慢。

尽可能清楚地表述自己的论点（专业人士常常会忽视这一点，对此必须投入大量的创造力），避免空话，只有在实在没有替代时才使用专业术语。

自然，以上技巧对付固执狭隘之人的成效也是有限的。研究表明，逻辑论证无法说服反方观点的偏激狂热拥护者，但能争取尚在犹豫者。在每次讨论中都记着浮士德对他热衷于修辞技巧的学生瓦格纳说的一句话："只要有头脑和诚实的心，没什么技巧也可以演讲。"抗衡虚假错误或破绽百出的观点只需一点：展示自己的能力，但切莫显得自以为是。

练习

练习73：在讨论时注意对手的弱点在何处，将自己的见解表述得可以让尽可能多的人理解。

信任虽好，控制更佳——核实法

数字可以给人留下深刻印象，使用数字好像是一种能力的体现。但也正因如此，当有人宣称根据"坚实、可靠的数字材料"展示某些事物时，我们更得看仔细。

人们可能会认为，提供最精确的数字的专家是最严肃的。但事实并非总是如此。假设某人给出三个数字：5、9 和 11，这是他未经精准测量、仅靠估计得来的，并以此展示出算术平均值（5 + 9 + 11）÷ 3 = 7.667。如果此人没告知大家起始数值的精确度，也未说明所取的是多少个数字的平均值，那么他给出的小数点后三位的数据也不能说明什么问题，只是制造了一种其实不存在的"精确"的假象。真实的数值至少在5到11的范围内变化，也可能它的分布范围更广，但只有在掌握更多数字后才可以确定。

如果以后某刻需要再次从三个数字中取平均值，例如4、8和12，会得到8.000。如果以此与第一个较小的平均值7.667做比较，并推导出有轻微上升的趋势，那么这一推理并不严谨。初始值的不确定性远大于平均值貌似展示出的趋势。

尽管如此，生活中依然常有这样的情况：因为缺少其他的数字，便"暂时"使用根本不靠谱的、只是看似精确的数字进行计算，并从计算结果中推出错误的结论。

所以，在做决定前，请坚持明确数据的不确定性之所在，并查明不确定性可能带来的后果！如果可能，请用最小值和最大值分别估算并进行比较，这样子至少可以得到一个大概的"可能性范围"。

此外，我们也需关注矛盾之处，如果同时向两位专业人士咨询，而他们对现状的理解或对未来的预估不同，则必须问清楚，为何如此。不能接受"电脑的计算模型算出来就是这样"的解释，因为这能为一切辩解。每一步都必须是可以理解的。不能用语言描述并解释"电脑"或"IT专家"做了什么的人，作为"专业人士"是不可信的。

数据的图形展示也能做假。为了夸大表现发展变化，一个惯用的方法是"裁剪"坐标轴：即仅展示包含着变化的那一部分图表。如果可以看到完整的变化过程，一段急剧的下降、衰减有时就不显得那么严重了。因此，在面对数据图表时，我们要关注0和100%在何处！还有一点常被忽视，要注意图表内具体数字的不确定性。

数据图中也可能使用对数坐标轴，即坐标轴的划分为每一刻度对应一个数量级，例如1、10、100、1000等。使用这种展示方法，是为了清晰记录剧烈的发展变化。但是，坐标轴的大数量级会使发展曲线更为平缓，从而导致所展示的发展变化显得不那么重大，并因此被低估。

一个图表中只能显示一段有限的时间段，对此常用的托词是数据收集方法不同："当时的数据不可以与今天的相比，因为……"这自然可能，但一定要仔细问清楚！"数据的有效性有限"的借口本来就很多，而且还能用相关专业术语来美化。面对这种"有限时间"内的数据展示时，我们不要忘记，最迅猛的非线性发展曲线的一个小片段，看起来也好像是没什么大不了的直线！

3D数据图虽然看起来很时髦，但并不比简单的二维图表多提供任何信息。因此，鉴于我们的目标之一是"去除一切多余之物"，应批判看待3D图表。直观形象的图形符号有时甚至可能会产生误导：如果一个值变为了两倍，有时（出于无知或算计）代表这一变化的图形不仅在高度上、在宽度上也扩大为了两倍，于是结果图形面积增加了四倍，从而夸张反映了实际的变化。

另外，面对百分比数据时我们也要谨慎。假设每100个人中有两个购买某件物品，第二年有三人购买。这一事实，可以用两种方法来描述：该物品购买者的比例从2%增加到了3%，这听起来没什么了不起的，但也可以将2作为起始数值，即将它看作100%，那么从2升到3，便增长了50%！想要描述的内容不同，选择的基准点也不同。

再举一个例子：我们在地下室储存了两箱苹果和三箱梨。如果以百分数来描述蔬果存货的比例，便为40%的苹果和60%的梨。如果有人偷走一箱梨，那么每种水果都还有两箱，百分比比例便成了苹果和梨各占50%。在这种表述下，好像地下室忽然多出了10%的苹果——而实际上是有人偷走了梨！

所以，即使最简单的数字关系，也应仔细检查，不可回避自己思考与检验、核实，否则很容易被误导，做出错误的结论与行动。

练习

练习74：在可能时，核实检查数据是怎样得来的。并以此确定，这些数字具有多少真正的效力。

抓关键——15分钟法

如果有人向我们"推销"某种重要的东西——昂贵的产品，不寻常的策略，发明、信息、信仰或党派计划等，我们需要付出一定时间的注意力去听/看他的介绍，那应该准备多长时间呢？先来看看在科学界是怎样的情况。想要在物理学大会上谈论自己的最新发现或想法的人，必须先介绍一些基础知识和研究现状。如果不这样做，没人能理解，因为具备必要的专业知识的人为数不多。在此基础上，展示者才可以介绍他的成果。那么，请猜猜，在名声赫赫的大会上这样一场报告一般持续多久呢——15分钟，通常不会更多。

这不是将信息碎片化，完全相反。在此技巧为：在短时间内，用尽可能少的言语、公式、图片让人可以理解地讲述尽可能多的内容，一切多余之事必须剔除。

另一方面，报告提供给听众的，不是松散的关键词或粗浅的简化，而是逐步地呈现坚实的、可验证的事实。

另外，这一时限也适用于一般的文章阅读。当自己想要或不得不了解某一新事物时，15分钟是一个普遍适用的、相宜的时间量。浏览标题、对角线阅读法、在不同电视频道间快速切换以及上网时的"频频点击鼠标更换页面"的心态，最多可以为我们提供一些寒暄闲聊的信息。颇受吹捧的阅读技巧如"快速浏览获取大概意思的阅读"和快速阅读，或许在快速学习难度较低的文章时能有所帮助。但是，对于更好地理解复杂事物，我们必须自己去深思熟虑的复杂事物，这类方法都毫无裨益。如果想研究一件事，我们就必须花费合理的时间。

现在，有人会反对，现代社会有如此众多的信息，我们根本不能承受为每一个有趣或重要的事实花费15分钟的时间。因此，必须事先梳理，专注于对自己来说重要的、本质的事物并接受一开始可能会忽视、漏掉些什么的风险。

当真正理解一些知识后，未来掌握、领悟延伸、深化知识会更容易。如果依然欠缺些什么，也不糟糕，可以日后借助本书介绍的方法去补充。如果吸取的只是毫无关联的信息碎片，则难以延伸、扩建知识，因为没有可以让新知识附着、联系的内部结构。伟大的数学家约翰·卡尔·弗里德里希·高斯所遵循的格言"宁少毋多、精雕细琢"，在我们自己吸收信息或为他人提供信息时，也应借鉴使用。

如果有人想向我们解释某重要事物，他应当在15分钟内完成。如果他需要的时间少得多，我们就应该提高警惕，过于简单易懂的信息往往被过于简化而不能说明一切。这不仅是意识形态鼓吹者和民粹主义者的伎俩，很可惜，在绝大多数的媒体上——考虑到收视率与观众的短暂注意力——也有着越来越多的简化与削减。因此，当某事被宣传为就当如此简单时，请一定深挖追问。

如果对方解释事物所需的时间超过15分钟，也要小心，因为可能他作为"销售、推荐方"过于迷失在细节当中了。他可能是一位关于此事的专业人士，只是缺乏传播知识的天赋（诺贝尔奖获得者并不一定就是最好的老师）；但更常见的是，这位"介绍者"本身并不完全了解全貌，所以他东拉西扯也谈不到点子上。一切"极其复杂"的说法，更是决不可接受。所以，在做出重要决定之前，一定通过提问或咨询他人意见，来获得尽可能多的确定性。

长话短说，即使是复杂问题，也可以在合理时间内展示清楚，例如天体物理学家哈拉德·莱施主持的传奇电视节目《半人马座阿尔法星》（*Alpha Centauri*）。值得庆幸的是，各期节目在互联网上都能找到，这个节目介绍了大量关于宇宙的有趣而高品质的问题，每期为一场小报告——时长为15分钟。

练习

练习75：选择一个感兴趣但不了解的话题。集中精力研究它15分钟——例如通过阅读维基百科互联网上的文章。注意，在这个过程中，首先去掌握相关的基础知识。

对事不对人——交流法

德国研究中心亥姆霍兹联合会的前主席尤尔根·姆林内克在任期结束时的一次采访中说道："作为物理学家，最佳观点、论据对我们来说是最重要的，不管提出者是谁。而这在政治领域并非如此，因此总是需要去适应。"

本书已多次提及这一事实，即日常生活中的决策常取决于与事情本身毫无关系的因素。如果不想窒息于日益加剧的、抑制决策的谜团当中，我们必须摆脱所有形式的外在支配或外在决定。最无懈可击的观点应当起决定性作用，这以公开交流和专业、公正、客观的讨论为前提。

在科学领域，所有新发现都会受到批判质问和独立审查。科学家将他们的文章发送给期刊，期刊再将论文匿名转发给外部的、独立的专业鉴定者。审稿鉴定者推荐发表，提出改进建议或拒绝发表刊登。在申请研究项目资金时，这种所谓的"同行评审"（英/德语：Peer-Review）程序也很常见。

通常，整个流程在所谓的"双盲模式"下进行。作者不知道谁将评审、鉴定他的论文，评审者不知道自己看的是谁的文章。这样做是为了防止个人关系或科学家的声望影响到文章是否会发表。唯一重要的就是质量。而且，以上流程在国际范围中进行，以排除地方团伙，让最高标准生效。自然，即使在这样的流程下，也依然会产生错误评估，而且审核程序需要很长时间。但与部分骇人听闻的漫长政治决策过程相比，这种审核、鉴定方法有效得多，而且不花一分钱。科学家认为，不收报酬地为有声誉的期刊或委员会担任鉴定、审稿人是一种荣幸，一些经济、政治领域的高薪顾问应以此为榜样。

一旦成果发表或将在会议上报告展示，任何人都可以检验核查。尤其是当涉及前沿最新研究时，其结果会受到批判质疑并得到进一步发展。尽管在日常生活和政治中难以实施这种方法，我们依然可以为这些领域提供些经验教训：在各个层面上，需要有独立专家和公开讨论，而不是脱口秀和幕后操作。当然，前提条件是：决策者本身了解情况，不只是依赖说客或受他人影响。而这又需要专业知识和能力，对一些人来说会相当困难，因为这一切不是可以通过公关咨询（在发言讲台上更好的姿态或新发型）、投机取巧（如骗取的高校毕业和博士学位）和定期露面（并发表激烈的讲话）达到的。

交流的意思不是总保持WhatsApp或Facebook在线，而是交换与理解相关数据和关联。最重要的先决条件是去除冗余。只有这样，我们才能处理海量信息，辨认最重要的内容，并将其传递给他人。

信息交流是科学进步的必要前提。虽然许多创意是"默默地"诞生的，但是在工作小组和研究机构内，以及与竞争对手，甚至在全世界进行讨论，都是正常的。今天大多数的科学论文都是由不同机构的科学家一起撰写的，而且这些机构来自各个国家。在政治领域，每个联邦州、每个议会党团、每一个团体都还只是制定自己的"论文"，然后在媒体上展示，理想的多方合作显然还未出现。

由于市场上的竞争形势，这种开放的合作在经济领域不总是可行的，但这不影响我们在日常生活中逐渐形成这样的交流文化。不仅仅是进行寒暄闲谈或劝导指教，而更应当与彼此谈论重要的事物，这本来就应当成为标准操作。也应当更多培养跨学科、跨专业的开放性，这不仅是为了满足自己的表达需求——我们还须真正倾听！当我们学会将自己的具体问题清晰、可理解地表达给别人，当我们学会理解他人的观点，有时将能从非专业方获得非同寻常的、重要的解决问题的启示。与仅由具有相同社会背景或知识背景的人组成的工作组相比，多样化的混合工作组自然拥有更宽广的视野。

科学家的各种合作与交流，超越了所有专业、世界观、政治、宗教界限与差异，可以成为未来解决各类问题的协作典范。在科学对话中，同伴的级别或头衔是什么，他为哪个政党投票，他是西装革履还是牛仔T恤，他是黑人还是白人——统统不重要，唯一重要的是观点。只有这样高质量地解决问题，问题才有可能被解决。

练习

练习76：尝试真正倾听他人！

练习77：不因为一句话源自某位权威便直接将其作为论据佐证，而是最多将其当作信息补充。

现在该做什么——结构化总结法

苦苦钻研了大量事实、认识与方法后，我们最后应该总结和结构化梳理，这样基础的关联有时才会显现。在去除一切冗余后，这些关联能为我们提供一条可用于"定位、导向"的主线，它也适用于本书。

为了能够更好地理解世界，为了能够独立思考地、更有效地解决出现的问题，本书所介绍的所有方法，都可应用于以下必要的几步：

从不同角度观察，收集事实，以尽可能评估费解的或迄今未知的情景、形势与事实。

在思考中逐步去除所有的冗余，以便能够辨认并指明事物内及事物之间的模式、结构与重要关系。为此，我们须将相应的事实情况抽象、简化到象征符号，并用图表来描述事物。

在我们的世界上，存在着反复出现的基本结构、规律原理及概念，应将新发现事物与它们相比较。借助这样的比较，常常可能将最初未知或不理解的事物，简化、还原到已知之事，并从而理解新事物。

如果证实事物为全新的，因而是不可比较的，就须对基础彻底质疑，并以此找到或创造出新的有用关联，至今未知的方法，或其他的展示方式和概念。

在分析、对比和新发现中创建逐步的解释或解决方案，它们可以拓展知识体系和技能，以能让尽可能多的人听懂的方式来表述自己的认识。

通过每一次演绎操练上述步骤，并在过去经验的基础上一再积累，我们便能越来越理解世界上的各种进程，也只有通过思考，热情积极地思考，才能学会"成功地思考"。

解答建议与提示

练习1：示例

我们每个人都在使用现代技术，但是只有极少数的专业人士明白这些技术的运作原理。

我们每天都会面对各类事项的统计数据，但我们真的总是清楚它们代表了什么吗？

还有谁能够理解在德国、欧洲甚至整个世界上社会政治讨论中日益加强的尖锐性？

练习2：示例

第一次世界大战的爆发。在20世纪初，大多数中欧、西欧人认为，自己的生活只会越来越好，这种信念坚如磐石。然而，政治家却像梦游似地带领世界进入了战争，这场战争之残酷史无前例。此后，诸多有着数百年历史的王朝皇室消失殆尽，革命巨变席卷欧洲，其后果至今仍影响着世界格局。

苏联解体、东欧剧变与德国的统一。没人预料到世界政治格局将发生翻天覆地的变化。

练习3：

观察当下的社会热点问题或新的政治潮流，从中会发展出某种社会变革吗？

练习4：示例

宇航员一致讲述道，当他们从太空观察地球时，对政治和人类对地球的责任会产生全然不同的理解。从这个角度，战争简直就是荒谬与可笑。

从其他政党的立场考虑、思考另外一个党派的政治观点。

从背面观察一台技术设备（电脑、收音机等），常会发现之前从未注意到的事物（例如甚至自己完全不了解的连接及其可能的用途）。

练习5：

日常物理学的一个例子：为什么一切都会下落？因为存在地球引力。为什么存在地球引力？因为世界上的万物相互吸引，而地球非常重，所以它对物体的引力尤为强大。为什么所有的物体都相互吸引？因为它们有质量。为什么它们有质量？呃……这个问题还无人知晓。

练习6：示例

设想一下：自己生活的国家，在几个月后将不再以现在的形式存在，一夜之间，规则标准全部更换。这对于德国西部的人很难想象，而德国东部上些年纪的人，已经亲身经历过这一切，因而当有人向他们保证"一切自然会这样（好的）继续下去"时，他们会更持怀疑态度。

在德国联防军于2017年2月进行的一项（最初保密的）研究中，模拟了在2040年可能呈现的六种世界局势。而在几年前，这样的考虑（例如西方社会形态的终结、欧盟崩溃瓦解、欧洲失去全球竞争力）还是不可想象的。

练习7：

以历史时间观/时间标准去衡量当前正在发生的事件，这种思考方式通常会显著降低这些事件的意义与重要性。

练习8：

不仅在脑海中推演各种解决方案，而且将它们写下来。一旦将一种方案记录下来后，大脑便有空间思索其他方案了。而且，接下来能够用不同的方式排列记录在纸上的想法，这样更容易发现这些解决方法的各种组合可能。这种所谓的"作图法"在本书也有介绍。

练习9：

当不明白某一复杂事物/问题的解释时，例如在学习或阅读时，首先试着对每一步理解与解释寻找尽可能简单的、熟悉的画面和类比。如果仍有些地方不清楚，则必须建立思想上的"中间步骤"，并为这些"中间步骤"匹配在逻辑上相互关联的图像。如果这样所得到的联系依然行不通，则意味着还没有理解该事物或问题，需再寻找其他的、简单的图像和画面。当完整的解释链成立时，便会发现自己已自动熟悉、了解该事物或问题，无需死记硬背细节。

练习10：示例

在植物界和动物界，存在着经由进化产生的秩序，所以相似的物种通常也具有亲缘关系。认识的物种越多，便越容易将新的和未知的物种编排入个人的知识体系内。

很多外交政策问题，只有考虑到参与国之间关系的历史发展才可以理解。德国东部邻国目前的许多反应，仍然源于20世纪上半叶与德国的经历，尽管德国宣称如今一切早已不同于往昔。

练习11：示例

我们的时间计量系统是由地球自转及其环绕太阳的公转确定的。

我们的富足繁荣是由市场经济体系维持的，而这一经济体系的基础是数百年来对能源和矿产资源消耗的日益增加。如果不再能够保障这种消耗，将意味着迄今为止我们所认识的这种形式的经济与繁荣的终结。

练习12：

建议：当所见所闻或亲身经历能够验证自己的世界观时，

我们总会倾向于草率、过快地将其普遍化，而偏见也因此更易固化。因此，请保持对新认识和审校自己观点的开放态度！

练习13：

建议：观察、思考在不久前还完全不存在的事物，无保留地设想——该新事物可能会怎样出人意料地继续发展。

练习14：

示例：如今，使用智能手机拨打电话时，我们越来越多地只是点击名字或图片、读出对方的名字，而不是输入号码组合。但即使最新的智能手机上，也依然保留着数字（键）区域。旧式旋转号盘电话机上，仅仅是数字排列方式不同而已。电话连接的原则（即每人都有一组号码，必须拨打这一号码建立连接）是不变的，即使外部表现上改变巨大。

练习15：

找出儿童时的梦想，想象那时自己想做什么，考虑今天可以实现其中的什么——去做、去实现！

练习16：

示例：计划一场大家庭宴会时，如果可以将姓名牌在一块白板上来回移动并以此显示人们间的主要关系，安排座位就相对容易一些。

练习17：

关于这一点，我们应向孩子学习！孩童的画作上通常没有丰富的细节，也不能看到很多与所画原型的相似之处，尽管如此，我们常常还是可以通过一些独有的特征辨认出他们所画的人物。

练习18：

以太阳能电池为例：输出是什么？电流。输入是什么？阳光。关联？在其内部某处一定发生了某种"转化"，具体是什么呢？那么，太阳光是什么，电流又是什么？阳光是能量（移动物体的能力）的一种形式，电流是一种微小粒子——电子的运动。所以，阳光驱动了电子运动。那么，为什么在其他的材质上，例如纸张、木材或金属，没有发生这样的转化呢？因为在这些材质中，没有可以让阳光将电子"推下去"的"滑道"。有这种特性的材料称为半导体。这样，对太阳能的运作原理就有了基本了解。

练习19：

提示：当使用方框（结构）图或类似的作图展示关于技术的内容时，无论是在观看成图，还是自己在设计、制作这样的解释图，应该既从过程的开端也从结尾为起点开始逐步分析、思考这个示意图，很多地方会在这样的分析中清晰明了。

练习20：

例如：假设对自己现在的工作不满意。研制一个可以解释现状的因果网，在这个过程中问自己：过去更好吗？在过去发生了什么可以解释现状的事情吗？什么是自己可以改变的？什么是取决于他人的？如果自己主动去改变一些情形，会发生什么？

练习21：

太阳和月亮看起来状如圆盘，这告诉了我们什么？纽约城内高耸的摩天大楼的相互平行又意味着什么？国际象棋棋盘上的菱形格子向我们透露了什么？花朵和蜂巢的对称性呢？

练习22：

我们的大脑根本不能处理感觉细胞可以传递的海量信息。所以，人体在进化过程中形成了使用差异法的特殊储存机制：许多感觉细胞并不是持续不断地传输数据，而是只有当发生变化时才传递数据。这样，我们的大脑才不会负荷过重。假如大脑需要每次都重新接收所有数据，那将是天文数字！

练习23：

已经所知甚多的人，学新知识更容易，这证实了社会学中所谓的马太效应，这一名词源自《圣经》："凡有的，还要加给他，叫他有余；凡没有的，连他所有的也要夺去。"

练习24：

数字技术的例子：所有的数据、文本、图像、视频、音乐作品都可以数字化，即用0和1所组成的编码来记录。

练习25：

面对媒体报道中的数字时，应更为谨慎，因为这些数据总是为了吸引最多的关注而选择的！

练习26：

心算的示例：在关于可再生能源的讨论中，会问及怎样用风能发电设备替代传统的煤电或核电厂。通过一个简单的粗略估算，就可看到如果这样做需要多少投入：一个传统的发电厂可持续发送2吉瓦（2GW，即20亿瓦，2000000000W）的电力输出，一架大的风能发电机的最大功率为5兆瓦（5MW，即500万瓦，5000000W），所以我们至少需要2000000000W÷5000000W=2000÷5=400台风车发电机。如果再考虑到，每年平均只有大约20%，即1/5的时间，风力可以达到完成上述功率的强度，那么我们总共需要5倍的风车，即400×5=2000台，才可以有效替代一个传统发电厂。

练习27：

购买的物品越多，最终的估算结果便越接近实际数额。因为估算时，一些凑整，一些抹零，这些估计数字相加在一起，估价误差会很大程度上相互抵消。

练习28：

注意，媒体报道中的图表通常用于传达信息，图表中故意"未展示"的数字往往也是一种表述，应当追问为什么。

练习29：

当尝试将一个设备拆开（比如为了修理它）时，能具体发现在拆解过程中何处会丢失信息。如果不记清楚各零部件最初是怎样组合在一起的，便很难将设备重新组装起来。

练习30：

每一篇书写的文章都是"涌现"的例子。对每个单独的字母的认识，都还不足以推断文本的含义，而是要看字母之间的相互排列，只有在词汇和句子的一定排序中，才会出现新的"质"。

练习31：

示例：大爆炸宇宙模型。天文观测显示，星系正在远离彼此。如果在思想上追溯这一发展，可以推出结论，在大约138亿年前，整个宇宙及它的空间时间必然从一个点开始了一种爆炸。而所有人都热切关注的问题，在所谓的大爆炸"之前"是什么，这个模型并不能回答。

练习32：

示例：水由水分子组成，显示器由相同的像素组成，而各种风格的建筑都可以用砖来堆砌实现。

练习33：

民粹主义政治思潮的流行，与人们普遍渴望追求简单明确的解释有关。

练习34：

除了多种物理射线（放射性射线、红外线等），我们也会在生活上使用这个概念。当我们说，某过程、某些事物或者人向其四周"辐射"，这时我们想表达的是一种特殊的影响和作用。当我们感到某人光彩四"射"，是指我们感受到了他"传递"出来的欢快愉悦。

练习35：示例

地球上的水循环是由太阳的能量驱动的。

为了保证专业人才进入经济领域，必须确保良好的培训和教育。

练习36：示例

温暖的洋流发生在表面。当水的温度降低，它会降入深处，作为冷流流回去，检测账户状态发展的最佳方法是，关注账户上的入账与出账。

练习37：示例

例如，地球就是一块巨大的磁铁，它的磁场线从地球上的地理南极延伸到北极（磁北极处于地理南极附近）。指南针以此校准、指示方向。

例如，家用无线路由器会产生交变电磁场，使用移动设备可以读取每一处的场强。

练习38：

例如，观察标记了人口迁徙的历史或当今政治的地图。这类迁移的起点和终点可以看作引起发展变化的"力场"内的极点。

练习39：

我们四周的物质世界也在振动，构成万物的原子在不停振动，我们感觉到的温暖就是这些振动。

练习40/41：

过去几年的政治充满了意外，让我们不得不在判断局势时重新思考（欧元危机、欧盟危机、难民危机、英国脱欧、特朗普曾当选总统、很多国家的新政党等等）。

练习42：

一切在运动之物都有一个力作为原因，如果难以理解运动，可尝试辨认隐藏在其后的力。

练习43：

现实世界中的政治的一大特征是妥协，"政党大联盟"常处于力量平衡，从而使发展停滞。

练习44/45：

例如，如果只看价格上涨率（即价格上涨的"速度"），价格上升好像不那么严重。稳定的低增长率——听起来还不错，但它掩盖了价格依然在持续增长的事实。在分析数字时，应考虑哪种展示方式更适宜。

练习46：

地球上的生命只有依靠太阳的能量才可能存在。

生物必须以不断获取营养的方式吸收能量。

如果没有能量转换，我们的经济将是不可想象的。

练习47：

如果能量的供给不能得到保证，我们的整个生活都会极受影响，并不可能继续以现在的形式存在。马克·艾斯伯格的畅销书《全球断电》（*Black out*）生动而现实地描述了这一景象。

练习48：

苏联社会主义的问题在于其在众多领域的低效。本来一切在经济和技术原理上是可能的，欧洲东部的人不比西部的人愚笨或受到的教育更差。但他们的社会、经济结构及各种相关流程的效率过低，想要达到西方水平需要付出极大努力，这最终导致了各个层面的破产。试图逃避效率规律制约的尝试也都落了空。"不追赶——直接超越"的口号意在表达：他们可以走与市场经济不同的道路，应该评析不同的参数。但他们最终还是不得不承认基本规律。

练习49：

例如通过实践本书所描述的方法提高自己的学习效率。

练习50：

基本上，没有任何事物是永恒的！

练习51：

不仅启动、开展事物进程需要能量，为了维持现有状态也需要能量。因为我们不想或不能持续不断地供给能量和工作，以多久间隔实现"输送、供给"便成了问题。在整理房间这件事上就很清楚：平常规律地一点点收拾，或者隔比较久才整理一次——但每次要相应付出更多的时间和精力。

练习52：

地球系统：地球吸收太阳的热量，并向宇宙散发热量。地球的热量释放受到了温室效应的干扰，因而地球开始升温、变暖。

政治孤立的国家系统：在实施封锁、禁运时，货物与货币的流动被堵塞，这会导致受制裁国家的经济与社会困难。

练习53：

振动也是一种"自组织"，当激发达到一定的级别，粒子会齐律振动，比如管乐器。

练习54：

只有对一件事情思考时间足够长之后，才能想到很多好主意，也只有这样才能将各种想法整合成全新的想法。

练习55：

在水边燃起熊熊篝火也不会造成什么后果，而油库里的一个火星便可酿成大祸。

练习56：

比如，斯蒂芬·茨威格的《人类群星闪耀时》一书描述了一些这样的惊艳实例。

练习57：

在2016年的美国总统大选之际，大多数选举预测都错了，特朗普被认为几乎没什么概率获胜，但最终他却赢得大选。

练习58：

正反馈的示例：

产生利息的资产规模越大，增长也越快。

气候变化导致地球表面的冰雪覆盖减少，因此被反射的太阳辐射变少，被吸收的增多，气温因而上升更快。

负反馈的示例：

光照越强，瞳孔缩得越小，以保护眼睛不受伤害。

如果某一种捕食者的数量增加，其猎物的数量会下降，而这又会反作用到捕食者身上，导致捕食者的数量减少。

练习59：

电影每秒放映24帧画面，我们的眼睛跟不上这么快的转换，所以每幅画面在我们眼中模糊交融为一种在质上全新的、连续的过程。

练习60：

在官僚主义的（死板拘泥于各种规定）决策流程中，直接去找主管人员，绕过之前的处理环节，从而大大加快进展。

练习61：

生物学：达尔文的"适者生存"。

经济学：决定价格的供需平衡。

力学：牛顿定理。

练习62：

出于力学原因，绝大多数建筑物都是对称建造的，有意识的打破对称是为了美学目的。

人类和其他生物的眼睛、耳朵对称排列，只有这样才可以达到空间上的视听效果。

在基本粒子物理学中，每一个粒子都对应一个电性相反的反粒子，因而世界上的一种主要的基本力便是电的吸引力或排斥力。

每一个作用力都会引起一个大小相等、方向相反的反作用力，所以稳定的平衡状态总是可能的。

练习63：

寻找本书中的思维"小石子-路标"，可使用目录。

练习64：

宇宙大爆炸理论与神创论：两者对世界起源的理解都始于一种无法具体描述的起点，从简单结构到复杂结构的发展紧随其后，而光在两种解释中都起着决定性作用。尽管作为基础的时间尺度完全不同，尽管有相互矛盾之处，但两种解释模式中也有着一系列相似之处。而且，大爆炸理论之父——乔治·勒梅特既是天体物理学家，也是天主教神父。

练习65：

以地球为中心的世界观貌似显而易见：一切都围绕着地球运动。但如果要解释行星往复环绕的运动轨迹，则必须假设许多补充条件，例如：相互交织的环形运动。而使用简单的、与肉眼所见矛盾的假设，即太阳位于我们的行星系的中心，可以省去所有刻意构造的附加假设，可以很容易地解释我们观察到的星球运动。

练习66：

请考虑：思维实验也可当作游戏，在其中尝试演绎不同场景。

练习67：

如果设立切合实际的中间目标，并假想已成功实现它们，通往终极目标的道路通畅可更为清晰和容易。

练习68：

回想中学毕业的时候，以及用了多少岁月才迎来毕业（无数的日夜和时刻）。

练习69：

例如，当在红绿灯前等候较久时，我们不是持续盯着红灯，而是每隔几秒看一次变绿灯了吗？如果没有，我们的眼光和思绪会飘到别处，再看变绿灯了吗？如果没有……再等等。

练习70：

面临一项艰巨任务时（例如完成一篇较长的文稿），应分解设定固定规律时间段内的子目标，并相应（例如每天晚上）检查：是否实现了子目标？如果没有，就必须补上相应的工作，直到完成既定目标。这样，可确保在规定日期内完成最终目标。

练习71：

假设自己的生活境遇发生了极端改变，改变了工作、居住地或伴侣。这样真的可以扩展生活的其他可能吗，还是只是掩盖了更深层次的问题？

练习72：

也要考虑政治和经济领域的变革（两德统一、边境开放、激进主义者的谋杀、金融危机等）和技术方面的发展（智能手机、Google 谷歌搜索、数码相机、太阳能设备、无人机等）。

练习73：

对那些否认气候变化的人，可以向他们展示融化的冰川的照片（注明照片出处）和成百上千位科学家研究绘制多年的气温升高曲线图（参见本书插图14），列举日益增加的生态灾难的例子，并请对方做出反驳，列出相关论据。我们会看到，他们拿不出同等价值的佐证。

练习74：

直至2017年9月，汽车制造商宣称的汽车耗能都低得惊人，这起到了良好的广告效果。而这些数据平均比实际消耗低了42%，原因在于测试条件是理想化的、完全不现实的，这样的条件在真实的交通状况中根本不会出现。

练习75：

建议：百科全书内词条解释中的前几句话尤其重要，在深入研究主题前，应当理解这些句子。当阅读完整个词条后，应再重复最开头的句子，以此作为总结。类似的，这一方法也适用于杂志或书籍内的文章，文章开头往往开宗明义，是主要内容的总结。

练习76：

建议：倾听时，尝试理解对方的逻辑和意图，这样可以专注于对方的说话内容，不易因自己的思绪分心。

练习77：

大人物也常常会犯错！而且单独的几句言语常会脱离原语境被引用，所以不可将这种话当作充分的、可信服的论点或论据。